FORSCHUNGSBERICHTE DES LANDES NORDRHEIN-WESTFALEN
Nr. 2243

Herausgegeben im Auftrage des Ministerpräsidenten Heinz Kühn
vom Minister für Wissenschaft und Forschung Johannes Rau

Prof. Dr.-Ing. Wilfried König
Dr.-Ing. Wolf Rüdiger Depiereux
Dipl.-Ing. Klaus Essel

Lehrstuhl für Technologie der Fertigungsverfahren
Laboratorium für Werkzeugmaschinen und Betriebslehre
der Rhein.-Westf. Techn. Hochschule Aachen

Optimierung der Schnittbedingungen für hoch automatisierte Werkzeugmaschinen Untersuchungen beim Drehen mit erhöhten Schnittbedingungen

Westdeutscher Verlag Opladen 1972

ISBN 978-3-531-02243-7   ISBN 978-3-322-88350-6 (eBook)
DOI 10.1007978-3-322-88350-6

© 1972 by Westdeutscher Verlag, Opladen
Gesamtherstellung: Westdeutscher Verlag

Inhalt

1. Verwendete Formelzeichen und Abkürzungen 5

2. Einleitung 7

3. Verschleißformen an Hartmetallwerkzeugen
   bei hohen Schnittbedingungen 8
   3.1   Verschleiß infolge plastischer Verformung 10
   3.2   Oxydationsverschleiß an der Nebenschneide 10
   3.2.1 Kenngrößen des Oxydationsverschleißes 11
   3.2.2 Abstand der Oxydationskerbe von der
         profilbildenden Schneide 12
   3.2.3 Oxydationstiefe auf der Nebenfreifläche 13

4. Einfluß der Schnittgeschwindigkeit auf die
   Hauptschnittkraft 14

5. Spanbildung bei erhöhten Schnittbedingungen 16

6. Mathematische Grundlagen zur Berechnung der
   Rauhtiefe R_t 17

7. Mathematische Beschreibung des Standzeitverhaltens . . . 18
   7.1   Aufbau einer erweiterten Standzeitgleichung . . . 19
   7.2   Gegenüberstellung von Standzeitgleichungen 22

8. Ermittlung optimaler Schnittbedingungen 23

9. Zusammenfassung 26

Literaturverzeichnis 28

Bildanhang 30

1. Verwendete Formelzeichen und Abkürzungen

a	mm	Schnittiefe
b	mm	Spanungsbreite
c		Konstante der entwickelten Standzeitgleichung
c_v		Konstante der Taylor'schen Standzeitgleichung
d	mm	äußerer Bearbeitungsdurchmesser
e	mm	kritischer Oxydationsabstand von der Hauptschneide
F_H	kp	Hauptschnittkraft
F_V	kp	Vorschubkraft
F_R	kp	Rückkraft
h_1	mm	Spanungsdicke
i		Anstieg der Standzeit-Vorschub-Kurve
i_s		Konstante der entwickelten Standzeitgleichung
k		Anstieg der Standzeit-Schnittgeschwindigkeits-Kurve
k_v		Konstante der entwickelten Standzeitgleichung
$k_{s1.1}$	kp/mm²	Hauptschnittkraft bei $b \cdot h_1 = 1 \cdot 1$ mm²
K	DM/Stck	Fertigungskosten
K_T	µm	Kolktiefe
K_M	µm	Kolkmittenabstand
K_m	DM/h	Maschinenkosten
l	mm	Bearbeitungslänge
L	DM/h	Lohnkosten
m		Konstante der entwickelten Standzeitgleichung
n		Konstante der entwickelten Standzeitgleichung
O		Oxydationsverhältnis
OA	mm	Oxydationsabstand von der Hauptschneide
OM	mm	Oxydationsmittenabstand
OT	mm	Oxydationstiefe, gemessen parallel zur Spanfläche
OT_N	mm	Oxydationstiefe in der Ebene der Nebenfreifläche senkrecht zur Bezugsebene
PV	mm	Plastische Verformung
r	mm	Eckenradius
R_t	µm	theoretische Rauhtiefe
s	mm/U	Vorschub
s_o	mm/U	kostengünstiger Vorschub
SV_α	mm	Schneidkantenversatz in Richtung Freifläche
SV_γ	mm	Schneidkantenversatz in Richtung Spanfläche
t	min	Schnittzeit
t_n	min	Nebenzeit

t_r	min	anteilige Rüstzeit
t_w	min	Werkzeugwechselzeit
T	min	Standzeit
v	m/min	Schnittgeschwindigkeit
v_o	m/min	kostengünstige Schnittgeschwindigkeit
VB	mm	mittlere Verschleißmarkenbreite
W_T	DM	Werkzeugkosten je Standzeit
w		Anstieg der spezifischen Schnittkraft $k_{s1.1}$ in Abhängigkeit von der Spanungsdicke
$1-z$		Anstieg der Hauptschnittkraft in Abhängigkeit von der Spanungsdicke
α	°	Freiwinkel der Hauptschneide
α_N	°	Freiwinkel der Nebenschneide
β	°	Keilwinkel
γ	°	Spanwinkel
λ	°	Neigungswinkel
$\varkappa$	°	Einstellwinkel
ϵ	°	Eckenwinkel
σ_B	kp/mm²	Zugfestigkeit
σ_{TS}	°	Steigungswinkel der Standzeit-Vorschub-Kurven
σ_{TV}	°	Steigungswinkel der Standzeit-Schnittgeschwindigkeits-Kurven

2. Einleitung

Der Bericht schließt an den Forschungsbericht Nr. 2143 "Numerische Optimierung der Bearbeitungsbedingungen während des Drehvorganges" des Landes Nordrhein-Westfalen an und enthält weiterreichende Ergebnisse, die bei der Untersuchung des Drehens mit erhöhten Schnittbedingungen gewonnen wurden. Einige der im Forschungsbericht Nr. 2143 bereits vorgestellten Ergebnisse sind aus Gründen der Übersicht und Vollständigkeit in diesem Bericht in gekürzter Form enthalten.

Die industrielle Fertigung ist einem ständigen Rationalisierungsprozeß unterworfen, um trotz steigender allgemeiner Kosten die Forderung nach wirtschaftlicher Fertigung erfüllen zu können. Der Einsatz numerisch gesteuerter Werkzeugmaschinen hat zu einer beachtlichen Reduzierung der Rüst- und Nebenzeiten geführt und eine teilweise Verlagerung dieser Zeitanteile so ermöglicht, daß sie während der Hauptzeiten der Maschinen anfallen [1]. Dem relativ großen Hauptzeitanteil der Fertigungszeit muß nun durch die Ermittlung optimaler Schnittbedingungen besondere Bedeutung beigemessen werden, um die relativ teuren NC-gesteuerten Maschinen in weiten Bereichen der Fertigung wirtschaftlich einsetzen zu können.

Ausgehend von der mathematischen Beziehung für die Fertigungskosten pro Stück bzw. Fertigungszeit pro Stück und der Bestimmungsgleichung für die Standzeit als Funktion der Schnittgeschwindigkeit (Taylor-Standzeitgleichung) lassen sich die optimalen Standzeitwerte entsprechend der betriebspolitischen Zielsetzung nach den in Abb. 1 angegebenen Gleichungen berechnen.

Diese beiden Gleichungen lassen unter anderem erkennen, welchen Einfluß die mit zunehmender Automatisierung ansteigenden Maschinenkosten, die durch Werkzeugschnellwechseleinrichtungen sinkenden Werkzeugwechselzeiten und die durch den zunehmenden Einsatz von Wendeschneidplatten günstige Entwicklung der Werkzeugkosten auf die optimalen Standzeitwerte ausüben.

Legt man die für moderne Betriebsmittel gültigen mittleren Zahlenwerte (2,3) zugrunde (Abb. 1), so ergeben sich optimale Standzeitwerte, die in einem Bereich von ca. 5 - 20 Minuten liegen.

Aus der Entwicklungstendenz der Kostenfaktoren ist weiterhin abzuleiten, daß mit niedrigen Werkzeugkosten einerseits und hohen Lohn- und Maschinenkosten andererseits eine Annäherung der kostenoptimalen Standzeitwerte an die zeitoptimalen Werte zu verzeichnen ist.

Die Verwirklichung entsprechend extremer Schnittbedingungen macht eine Überprüfung der bis heute als gültig betrachteten Verschleißkriterien des Werkzeuges unumgänglich. Weiterhin gilt festzustellen, nach welchen Gesetzmäßigkeiten die in den Vordergrund tretenden Verschleißformen und Schnittkräfte sowie die erzielte Oberflächengüte, die bei gesteigerten Schnittbedingungen auftreten, berechnet werden können.

3. Verschleißformen an Hartmetallwerkzeugen bei hohen Schnittbedingungen

Die Beanspruchungen der Werkzeugschneide im Schnitt führen zu Verschleißerscheinungen auf Freifläche, Spanfläche und Nebenfreifläche, die nach dem heutigen Stand der Zerspanforschung durch folgende Einzelursachen (4) hervorgerufen werden:

1. Mechanischer Abrieb,
2. plastische Verformung,
3. Mikroausbröcklungen durch Preßschweißungen zwischen Werkstückstoff und Schneidstoff,
4. Diffusion zwischen Werkstückstoff und Schneidstoff,
5. Oxydation des Schneidstoffes,
6. Ausbrüche der Schneide infolge mechanischer oder mechanisch-thermischer Belastung.

Dabei sind die Anteile der einzelnen Verschleißursachen an der Werkzeugabnutzung nicht eindeutig voneinander zu trennen. Je nach Schnittbedingungen und der jeweiligen Werkstückstoff-Schneidstoff-Paarung kann die eine oder andere Ursache in den Vordergrund treten.

Bei den bisher in der Praxis angewendeten Schnittbedingungen tritt vorwiegend Verschleiß an der Freifläche und an der Spanfläche des Werkzeuges auf, die durch die in Abb. 2 angegebenen Meßgrößen gekennzeichnet werden. Als Standzeitkriterium wird eine vorgegebene, vom Bearbeitungsziel abhängige Größe der Verschleißmarkenbreite VB bzw. des Kolkverhältnisses K definiert. Bei Anwendung erhöhter Schnittbedingungen können diese vorgegebenen Verschleißkriterien jedoch in den Hintergrund treten, da die Standzeit eines Werkzeuges schon vor Erreichen dieser Kriterien durch plastische Verformung, Ausbrüche oder Oxydation an der Nebenschneide beendet werden kann (5,6).

Da bisher bei erhöhten Schnittbedingungen keine systematischen Untersuchungen über das dabei auftretende Verschleißverhalten und die Auswahl geeigneter Verschleißkriterien bekannt waren, wurden umfangreiche Zerspanuntersuchungen an zwei Schmelzen des Stahles Cm 55 N (Tab. 1) durchgeführt.

Als Werkzeuge standen Klemmstahlhalter mit positiven und negativen Spanwinkeln zur Verfügung, die mit Hartmetallwendeschneidplatten der Zerspanungsanwendungsgruppe P 10, P 15 und P 30 bestückt wurden. Die Untersuchungen umfaßten einen Vorschubbereich von s = 0,125 bis 1,25 mm/U und Schnittgeschwindigkeiten von 60 bis 250 m/min.

Die Ergebnisse der Verschleiß-Standzeitversuche, die in den Abb.3, 4,5,6, wiedergegeben sind, lassen erkennen, daß bei diesen erhöhten Schnittbedingungen die üblichen Standzeitkriterien für Freiflächenverschleiß und Kolkverschleiß in vielen Fällen an Bedeutung verlieren, da das Standzeitende oftmals schon vor Erreichen dieser Kriterien durch plastische Verformung, Ausbruch oder Oxydation an der Nebenschneide des Werkzeuges erreicht wird (Abb.7). Die Oxydation bewirkt durch die Zerstörung der profilbildenden Schneide eine wesentliche Verschlechterung der Oberflächengüte (vergleiche Kapitel 3.2).

Tab. 1: Bezeichnung und chemische Zusammensetzung der untersuchten Werkstoffe

	Bezeichnung	Chemische Zusammensetzung in %								Festigkeit σ_B kp/mm2
		C	Si	Mn	P	S	Cr	Ni	Al	
Schmelze 1	Cm 55 N*	0,55	0,30	0,60	0,016	0,034	0,15	-	0,008	66
Schmelze 2	Cm 55 N**	0,57	0,33	0,55	0,013	0,036	0,08	0,06	0,016	70

3.1 Verschleiß infolge plastischer Verformung

Eine plastische Verformung der Werkzeugschneide ist durch eine Ausbauchung der Freifläche bei gleichzeitigem Schneidkantenversatz, insbesondere Versatz der Schneidenecke, gekennzeichnet (Abb. 7). Diese Erscheinungen sind eine Folge der bei den oben angeführten Schnittbedingungen auftretenden außerordentlich hohen mechanischen und thermischen Schneidenbelastungen, die zu einem Überschreiten der Warmfestigkeit der Hartmetalle führen. Als Maß für die plastische Verformung definierten Opitz und Axer (7) die Höhe PV des Wulstes auf der Freifläche.

Die Bestimmung der Wulsthöhe erfolgte im Abstand r von der Nebenschneide, da hier die plastische Verformung ihre maximalen Werte erreicht, was bereits Ekemar (8) feststellte. Die Wulsthöhe ist in Abb. 8 schematisch dargestellt.

Die Abb. 9 und 10 geben einige Ergebnisse von Verschleißversuchen unter hohen Schnittbedingungen wieder. Wie die Darstellungen erkennen lassen, wachsen die plastische Verformung PV und der Schneidkantenversatz SV_α linear mit der Schnittzeit an, wobei mit zunehmenden Schnittbedingungen, d.h. mit steigender Belastung der Werkzeugschneide, der Anstieg steiler verläuft. Ein Vergleich der mittleren Zuwachsrate der plastischen Verformung $\Delta PV/\Delta t$ in Abhängigkeit von Vorschub und Schnittgeschwindigkeit (Abb. 11) zeigt deutlich die zunehmende Empfindlichkeit der Werkzeugschneide gegenüber plastischer Verformung bei steigenden Schnittbedingungen.

Die Größe PV eignet sich jedoch nicht als Standzeitkriterium, da je nach den Schnittbedingungen und Schnittzeiten ein Abbau der plastisch verformten Zone durch Verschleiß auftreten kann, wie am am Beispiel der Abb. 10 bei einer Schnittgeschwindigkeit von v=175 m/min zu sehen ist (37).

3.2 Oxydationsverschleiß an der Nebenschneide

Schon unter üblichen Schnittbedingungen bildet sich am Werkzeug in der Nähe der Schneidkante durch die auftretenden Schnittemperaturen und unter Einwirkung des Luftsauerstoffes ein Oxidfilm. Dieser bedeckt dabei die Gebiete, an denen der Luftsauerstoff freien Zutritt hat, also die Enden der Kontaktzonen auf Freifläche, Nebenfreifläche und Spanfläche (9). Der zerstörende Einfluß der Oxydation auf das Hartmetallgefüge kann besonders deutlich an der Nebenschneide beobachtet werden (Abb. 7). Es bildet sich ein komplexes W-Co-Fe-Oxid, das sich infolge seines gegenüber dem Hartmetall größeren Molvolumens warzenartig ausbildet (10).

Während des Zerspanprozesses wird diese poröse Schicht, die nur eine geringe Haftung zum Grundgefüge aufweist, kontinuierlich abgetragen. Dabei entsteht eine ausgeprägte Mulde, die vergleichbar mit dem Kolkverschleiß der Spanfläche eine Schwächung des Schneidkeiles bewirkt. Das Wachstum der Oxydationskerbe auf der Nebenfreifläche wurde für einen Versuch mit den Schnittbedingungen v = 140 m/min, Spanungsquerschnitt a x s = 2,5 x 0,8 mm² für verschiedene Schnittzeiten durch entsprechende Aufnahmen unter dem Auflichtelektronenmikroskop festgehalten (Abb. 12). Diesen Aufnahmen ist zu entnehmen, daß sich die Oxydationskerbe räumlich

mit unterschiedlichen Oxydationsgeschwindigkeiten ausbreitet. Das
Anwachsen der Kerbe in Richtung der Spanfläche, der Nebenfreifläche und der Schneide bewirkt einerseits eine wesentliche Schwächung des Schneidkeiles, andererseits eine Zerstörung der profilbildenden, aktiven Schneide, die zu einer starken Verschlechterung
der Oberflächengüte führt.

Der große Einfluß des Oxydationsverschleißes bei erhöhten Schnittbedingungen wird aus den Abb. 3, 4, 5, 6 ersichtlich, die die Abhängigkeit der verschiedenen Verschleißgrößen von der Schnittzeit
für verschiedene Hartmetallqualitäten zeigt.

In den Versuchen mit dem oxydationsanfälligeren Hartmetall P 30
mußte der Wechsel in der Oberflächengüte als Standzeitkriterium
herangezogen werden, da bei diesen Versuchen nur selten ein Kolkverhältnis K = 0,1 bzw. eine Verschleißmarkenbreite VB = 0,2 mm
erreicht wurde. Selbst wenn eine Verschlechterung der Oberflächengüte in Kauf genommen werden könnte, ist bei der Verwendung von
Hartmetall P 30 kurz nach Eintritt des Oberflächenstandzeitkrite-
riums mit einem Ausbruch der Schneide infolge des fortschreiten-
den Oxydationsverschleißes zu rechnen. Wie die Versuche mit dem
Hartmetall P 15 und ebenfalls positivem Spanwinkel zeigen, tritt
hier wegen des kleinen Keilwinkels der Ausbruch der Schneide in
den Vordergrund. Die Untersuchungen mit negativem Spanwinkel ergaben für die Hartmetallqualität P 15 ebenfalls, daß das Oberflächenstandzeitkriterium in den Vordergrund tritt. Ein Kolkverhältnis von K = 0,2 wurde in keinem Fall und eine Verschleißmarkenbreite VB = 0,6 nur selten erreicht, da schon vorher die Versuche
wegen der zerstörenden Wirkung der Oxydation an der Nebenschneide
beendet werden mußten. Für die Hartmetallsorte P 10 muß in dem untersuchten Bereich der Schnittbedingungen ebenfalls ein Wechsel
in der Oberflächengüte als Standzeitkriterium betrachtet werden.

Hartmetallwendeschneidplatten der Zerspanungsanwendungsgruppe
P 15 zeigten für die untersuchten Schnittbedingungen eine geringere Neigung zum Ausbruch der ganzen Schneide als solche der Zerspanungsanwendungsgruppe P 30. Ursache hierfür sind die durch die
verschiedenen Co-, WC- und TiC-Gehalte bedingten unterschiedlichen
Eigenschaften der einzelnen Hartmetallqualitäten (11). Mit zunehmendem Co-Gehalt nimmt zwar die Zähigkeit zu, jedoch läßt die
Druckfestigkeit und Härte nach, da die Karbide sich nicht mehr
gegenseitig abstützen. Im Vergleich mit TiC-haltigen Hartmetallen
haben überwiegend WC-haltige Hartmetallwerkzeuge infolge der hohen Schnittemperaturen bei der Bearbeitung einen höheren Oxydationsverschleiß. Außerdem wird mit zunehmendem TiC-Gehalt die Oxyda-
tionsneigung geringer.

3.2.1 Kenngrößen des Oxydationsverschleißes

Für den Oxydationsverschleiß, der bei erhöhten Schnittbedingungen
das Erliegen der Werkzeugschneide bestimmen kann, muß eine Gesetzmäßigkeit gefunden werden, die es gestattet, aufgrund von Anfangs-
meßwerten die Standzeiten, bei denen schlechte Oberflächen auftreten, zu berechnen. Als Kenngröße zur Beschreibung des Oxydationsverschleißes an der Nebenschneide bietet sich der Oxydationsabstand OA (Abb. 13) an, da bei Unterschreiten des kritischen Abstandes OA = e die profilbildende Schneide des Werkzeuges zerstört
wird. Die Schwächung der Schneide durch zunehmende Oxydation der
Nebenfreifläche kann durch die Größen Oxydationsmittenabstand OM,
Oxydationstiefe OT und Oxydationstiefe OT_N gekennzeichnet werden (37).

Untersuchungen von Andersen (10) bei Schnittbedingungen, die Standzeiten T > 100 min ermöglichen, haben gezeigt, daß das Verhältnis O = OT/OM als geeignetes Standzeitkriterium verwendet werden kann. Bei den hier untersuchten, im Vergleich zu Andersens Versuchen stark erhöhten Schnittbedingungen erscheint das Verhältnis O=OT/OM als Standzeitkriterium nicht geeignet. Der Grund hierfür liegt in dem sich dauernd ändernden Oxydationsabstand OM, der durch ein unregelmäßiges Wachsen der Oxydationskerbe parallel zur Nebenschneide in beiden Richtungen zustande kommt, wie am Beispiel der Abb. 14 zu erkennen ist. Die zeitliche Abhängigkeit der Oxydationstiefe OT von der Schnittzeit zeigt ebenfalls einen unregelmäßigen Verlauf, der keine Gesetzmäßigkeiten erkennen läßt (Abb.15)

3.2.2 Abstand der Oxydationskerbe von der profilbildenden Schneide

Die Nebenschneide des Werkzeuges wird im Punkt S in einen aktiven und inaktiven Teil unterteilt. Als geometrischer Ort für S ergibt sich der Schnittpunkt zweier um den Vorschub s verschobener Schneidenprofile (Abb. 16). Der Abstand des Punktes S von der Hauptschneide wird als e definiert. Ist der Oxydationsabstand OA < e, so tritt eine Verschlechterung der erzielten Werkstückoberfläche auf, da ein Teil der profilbildenden Schneide zerstört ist. An der von der Nebenschneide gebildeten Flanke der Vorschubrille bildet sich ein aufgerissener Grat (Abb. 7). Bei weiter fortschreitender Oxydation kann durch die zunehmende Schwächung der Schneidenecke ein Ausbruch der gesamten Schneide erfolgen. Diese Beobachtungen werden auch von Tuininga (11) gemacht, der ebenfalls eine Verschlechterung des Oberflächenprofils einem Oxydationsverschleiß am schneidenden Teil der Nebenschneide zuschreibt.

Wie aus Abb. 16 ersichtlich wird, ist der Abstand e eine Funktion des Vorschubes s, des Einstellwinkels $\varkappa$ und des Schneidenradius r, wobei eine Schneide mit einem Eckenwinkel von $\epsilon = 90°$ vorausgesetzt wird. Die Größe des Abstandes e kann für die genannten Einflußgrößen berechnet und in einem Nomogramm für den dauernden Einsatz dargestellt werden. Im folgenden wird kurz der Entwicklungsgang der Berechnung gezeigt.

Unter Berücksichtigung der genormten Zuordnung des Eckenradius zum Vorschub ist der Punkt S der Schnittpunkt der Kreise um die Mittelpunkte M_1 (r/0) und M_2 (r + s/0).

Die Kathede h des Dreiecks M_1AS läßt sich berechnen zu:

$$h = \sqrt{r^2 - \frac{s^2}{4}}$$

Die Gerade g_1 durch S ist eine Parallele zur Hauptschneide mit der Steigung $\tan \varkappa$. Somit ergibt sich der Abstand $\overline{AC}$ zu:

$$\overline{AC} = \cot \varkappa \cdot h = \cot \varkappa \cdot \sqrt{r^2 - \frac{s^2}{4}}$$

Dann ist:

$$\overline{CM_1} = \cot \varkappa \cdot \sqrt{r^2 - \frac{s^2}{4}} - \frac{s}{2}$$

Auf der Geraden g_2 durch M_1 mit der Steigung $\tan(90 + \mathcal{K})$ liegt der Tangentenpunkt D, der den Übergang der geraden Schneidkante der Hauptschneide in den Eckenradius kennzeichnet. Aus dem Dreieck CM_1B ergibt sich BM_1 zu:

$$BM_1 = \sin \mathcal{K} \; CM_1 = \sin \mathcal{K} \left(\cot \mathcal{K} \sqrt{r^2 - \frac{s^2}{4}} - \frac{s}{2} \right)$$

Die Strecke BD entspricht dem kritischen Abstand e, daraus folgt:

$$e = r - \overline{BM_1} = r - \sin \mathcal{K} \left(\cot \mathcal{K} \sqrt{r^2 - \frac{s^2}{4}} - \frac{s}{2} \right)$$

$$e = r + \sin \mathcal{K} \cdot \frac{s}{2} - \cos \mathcal{K} \sqrt{r^2 - \frac{s^2}{4}} \tag{1}$$

Mit Hilfte dieser Gleichung läßt sich der kritische Oxydationsabstand e, der zur Vermeidung eines Wechsels in der Oberflächenqualität nicht unterschritten werden darf, für gegebene Größen des Einstellwinkels, des Eckenradius und des Vorschubes berechnen.

In Abb. 17 ist der Oxydationsabstand OA in Abhängigkeit von der Schnittzeit t für drei verschiedene Vorschübe aufgetragen. Wie die Darstellung erkennen läßt, ist die Abnahme des Oxydationsabstandes, d. h. das Wachsen der Oxydationskerbe in Richtung Hauptschneide, sehr gering. Die dargestellten Kurven können für Schnittbedingungen v > 100 m/min und s > 0,5 mm/U als repräsentativ angesehen werden, wie aus den umfangreichen Versuchen hervorgeht. Aus Gründen der Übersichtlichkeit wurden in Abb. 17 nur drei charakteristische Kurven aufgeführt. Zur Überwachung des des Oxydationsverschleißes bei hohen Schnittbedingungen ist der Oxydationsabstand wegen seiner geringen zeitlichen Änderung jedoch nicht zu benutzen.

3.2.3 Oxydationstiefe auf der Nebenfreifläche

Im Rahmen der durchgeführten Untersuchungen konnte festgestellt werden, daß die Ausdehnung der Oxydationskerbe auf der Nebenfreifläche senkrecht zur Bezugsebene eine aussagefähige Kenngröße des Oxydationsverschleißes darstellt. Bei 88 % der ausgewerteten Versuche lag die Tiefe der Oxydationskerbe zum Zeitpunkt der plötzlichen Verschlechterung der Oberflächengüte zwischen den beiden Werten OT_N = 1,5 und 1,8 mm (Abb. 18). Wie die Abb. 19 und 20 zeigen, wächst die Oxydationstiefe mit der Schnittgeschwindigkeit proportional an, wobei mit zunehmender Schnittgeschwindigkeit sowie Vorschub der Anstieg steiler verläuft. Als Wachstumsgesetz kann daher für die Oxydationstiefe eine Funktion der Form

$$OT_N = m \cdot t \tag{2}$$

angegeben werden, wobei die Steigung m eine Funktion der Schnittgeschwindigkeit und des Vorschubes sowie der Schneidstoff-Werkstückstoff-Paarung ist. Auf Grund dieser Gesetzmäßigkeit besteht die Möglichkeit für ein vorgegebenes Standzeitkriterium $OT_{N\,max}$ aus 2 Meßwerten die Standzeit auf einfache Weise zu berechnen.

Bedingt durch die Oxydationskerbe auf der Nebenfreifläche des
Werkzeuges liegen beim Auftreten einer schlechten Oberflächenqualität an der profilbildenden Nebenschneide Schnittverhältnisse vor, wie sie in Abb. 21 schematisch dargestellt sind. Durch
die Ausbildung der aktiven Schneide, die durch das Maß OT gegenüber der ursprünglichen Nebenschneide in Richtung der Spanfläche
versetzt ist, entsteht in Verbindung mit der Oxydationstiefe OT_N
ein Schneidkeil mit negativem Freiwinkel α_N der Nebenschneide.
Ein Freiwinkel α_N von ≥ 0 Grad würde dann erreicht, wenn die Bedingung

$$OT_N \geq OT_N^* = \frac{OT}{\tan \alpha_N}$$

erfüllt ist. Bei allen durchgeführten Versuchen erreichte die Oxydationstiefe OT_N^* auf der Nebenfreifläche nicht das Mindestmaß OT_N,
so daß das durch die Nebenschneide gebildete Werkstückprofil durch
die negativ ausgebildete Oxydationskerbe gequetscht wird. In Abb. 7
ist ein entsprechendes Oberflächenprofil enthalten.

Die durchgeführten Untersuchungen zeigen, daß der Oxydation der
Nebenschneide von Hartmetall-Drehwerkzeugen im Bereich erhöhter
Schnittbedingungen und damit im Bereich optimaler Standzeiten
große Bedeutung beizumessen ist.

Zur Überprüfung der Reproduzierbarkeit der in den Langzeitversuchen ermittelten Schnittzeitwerte, bei denen ein Wechsel in der
Oberflächengüte zu verzeichnen war, wurde für einige Schnittbedingungen der Versuch zweimal durchgeführt. Wie aus den Ergebnissen in Abb. 6 zu ersehen ist, stimmen die entsprechenden Schnittzeiten für das Oberflächenstandzeitkriterium gut überein.

4. Einfluß der Schnittgeschwindigkeit auf die Hauptschnittkraft

Die Kenntnis der bei der spanenden Bearbeitung auftretenden Hauptschnittkraft F_H hat sowohl für die Dimensionierung des Antriebes
als auch für die Konstruktion einer Werkzeugmaschine grundlegende
Bedeutung. Die Bestimmung der Kräfte und Berechnung der Leistungen bei vorliegenden Zerspanaufgaben ist eine wichtige Aufgabe
insbesondere bei hochautomatisierten Werkzeugmaschinen, die wegen der hohen Maschinenstundensätze nur bei optimaler Ausnutzung
eine wirtschaftliche Fertigung gewährleisten (13). Die von Kienzle (14) empirisch ermittelte Gleichung zur Berechnung der Hauptschnittkraft F_H

$$F_H = b \cdot h_1^{1-z} \cdot k_{s1.1} \quad \text{(kp)} \tag{3}$$

ist auf die praktische Anwendbarkeit im Betriebsgebrauch abgestellt und berücksichtigt daher nur die wesentlichsten Einflußgrößen. In der oben angegebenen Gleichung ist die Konstante $k_{s1.1}$
eine Funktion der Schneidstoff-Werkstückstoff-Paarung der Schneidengeometrie und der Schnittgeschwindigkeit (Abb. 22).

Der Einfluß der Schneidengeometrie auf die Schnittkräfte und die
Verformungsvorgänge bei der Spanabtrennung ist bekannt (17). Mit
Änderung der Schneidkeilgeometrie, besonders des Spanwinkels γ

und des Neigungswinkels λ ändern sich die Verformungsvorgänge in
der Scherzone und damit der eigentliche Spanbildungsvorgang. Mit
größer werdendem Spanwinkel γ steigt die Keilwirkung des Werkzeuges, so daß die zur Spanabtretung erforderlichen Kräfte abnehmen.
Durch Vergrößerung des Neigungswinkels λ nimmt die Keilwirkung
des Werkzeuges ebenfalls zu. Die Größe des Winkels λ beeinflußt
die Rückkräfte so, daß mit zunehmendem Neigungswinkel die Resul-
tierende der Schnittkraftkomponenten in Richtung der Nebenschneide des Werkzeuges verlagert wird. Die Verminderung des Einstellwinkels $\mathcal{K}$ bewirkt bei konstantem Vorschub eine Verringerung der
Spanungsdicke h_1 und damit eine geringere spezifische Schneiden-
belastung. Mit größer werdendem Einstellwinkel nehmen die Haupt-
schnitt- und Vorschubkräfte zu, während die Rückkräfte abnehmen.

Nach Untersuchungen von Schiffer (15) können hinsichtlich des
schnittgeschwindigkeitsabhängigen Verhaltens der Hauptschnittkräfte beim Drehen im Fließspanbereich unterschiedliche Gesetzmäßigkeiten gelten. Schiffer unterscheidet drei Bereiche:

1. Bereich 1 ($v < 1000$ m/min)
   In diesem Bereich wurde mit zunehmender Schnittgeschwindigkeit ein hyperbolischer Abfall der Schnittkräfte beobachtet.

2. Bereich 2 (1000 m/min $< v < 1500$ m/min)
   Dieser Bereich wird als Übergangsbereich gekennzeichnet.

3. Bereich 3 ($v > 1500$ m/min)
   In diesem Bereich wurde keine Abhängigkeit der Hauptschnittkraft von der Schnittgeschwindigkeit beobachtet.

Victor (13) gibt an, daß ein Schnittgeschwindigkeitseinfluß auf
die Hauptschnittkräfte zwar vorhanden ist, aber beim Drehen mit
Hartmetallwerkzeugen oberhalb $v = 120$ m/min vernachlässigt werden kann.

Umfangreiche eigene Schnittkraftuntersuchungen an einem breiten
Werkstoffspektrum zeigten in einem Schnittgeschwindigkeitsbereich
von $v = 50 - 300$ m/min einen deutlichen Einfluß der Schnittgeschwindigkeit auf die Hauptschnittkraft F_H (16), wie beispielsweise in Abb. 22 zu erkennen ist. Der schnittgeschwindigkeitsab-
hängige Werkstoffkennwert $k_{s1.1}$ kann entsprechend Abb. 22 fol-
gendermaßen mathematisch beschrieben werden:

$$\log k_{s1.1} = \log k_{s1.1 \, (v=1 \, m/min)} + w \cdot \log v$$

oder $\quad k_{s1.1} = k_{s1.1 \, (v=1 \, m/min)} \cdot v^w$

Dabei entspricht $k_{s1.1 \, (v=1m/min)}$ dem Wert $k_{s1.1}$ bei $v = 1$ m/min,
w gibt die Steigung der Geraden $\log k_{s1.1} = f(\log v)$ an. Setzt
man diesen entlogarithmierten Ausdruck in die Kienzle-Gleichung
(Gl. 3) ein, so ergibt sich eine den Schnittgeschwindigkeitseinfluß berücksichtigende Gleichung zur Berechnung der Hauptschnittkraft F_H zu:

$$F_H = b \cdot h_1^{1-z} \cdot k_{s1.1 \, (v=1 \, m/min)} \cdot v^w \qquad (4)$$

Die an dem Werkstückstoff Cm 55 N** durchgeführten Schnittkraftmessungen mit dem Schneidstoff HM P 15 ergaben für die Konstanten der Gl. (4) folgende Werte:

Schneidengeometrie:

α	γ	λ	$\mathcal{H}$	$\in$	r
5°	6°	0°	70°	90°	0,8 mm

$k_{s1.1}$ (v=1m/min) = 220

$- w = 0,06$

$1 - z = 0,84$

Schneidengeometrie:

α	γ	λ	$\mathcal{H}$	$\in$	r
6°	-6°	-6°	70°	90°	0,8 mm

$k_{s1.1}$ (v=1m/min) = 240

$- w = 0,05$

$1 - z = 0,81$

Die angegebenen Werte gelten für ein arbeitsscharfes Werkzeug. Mit zunehmendem Werkzeugverschleiß kann durch die größeren Reibkräfte zwischen Werkstück und Freifläche bzw. Span und Spanfläche und durch die sich ändernde Schneidengeometrie eine wesentliche Zunahme der Zerspankraftkomponenten, vor allem der Rückkraft F_R, festgestellt werden.

In Abb. 23 sind die Zerspankraftkomponenten und die Verschleißmarkenbreite als Funktion der Schnittzeit für eine Versuchsreihe aufgezeichnet. Aus der Darstellung ist zu entnehmen, daß bei einer Verschleißmarkenbreite VB = 0,6 mm ein Anstieg der Rückkraft F_R von ca. 80 %, der Vorschubkraft F_V von ca. 60 % und der Hauptschnittkraft F_H von ca. 12 % zu verzeichnen ist. Zur Klärung der funktionalen Zusammenhänge zwischen Zerspankraftanstieg und Verschleißzuwachs werden zur Zeit umfangreiche Untersuchungen durchgeführt (18).

5. Spanbildung bei erhöhten Schnittbedingungen

Da bei der Zerspanung von Stahl im freien Spanablauf vorwiegend lange, ununterbrochene Späne auftreten, die zu Störungen im Produktionsablauf führen können, werden Hartmetalldrehwerkzeuge fast nur noch mit Spanbrechern eingesetzt. Diese Tendenz wird duch den zunehmenden Einsatz von Wendeschneidplatten verstärkt. Die Breite der Spanleitstufen, bei der ein günstiger Spanablauf erzielt wird, ist von verschiedenen Faktoren wie Werkstoff, Schneidengeometrie und Schnittbedingungen abhängig.

Untersuchungen über die Beeinflussung der Spanform durch Spanbrecher führten zur Aufstellung von Spanbeschreibungstafeln und Diagrammen zur Bestimmung günstiger Spanstufenbreiten (19).

Für die im Bereich erhöhter Schnittbedingungen durchgeführten Untersuchungen wurde eine Spanstufenbreite verwirklicht, die dem 10fachen Wert des jeweils eingestellten Vorschubes entspricht. Diese Werte können innerhalb der konstruktionsbedingten Grenzen des Klemmwerkzeuges stufenlos eingestellt werden. Bei allen Versuchen wurden mit dieser Einstellung der Spanleitstufe kurze, gebrochene Späne erzielt, die einen ungestörten Produktionsablauf gewährleisten und somit als günstig angesehen werden können.

Neben der Geometrie der Spanformstufe beeinflußt der Verschleißzustand des Werkzeuges die Form des ablaufenden Spanes. Der ausgeprägte Kolk auf der Spanfläche kann die Funktion der Spanleitstufe übernehmen und die Spankrümmung so beeinflussen, daß ein langer, jedoch noch brauchbarer Wendelspan entsteht.

Insgesamt traten bei den untersuchten Werkstoffen keine Probleme hinsichtlich der Spanbildung auf.

6. Mathematische Grundlagen zur Berechnung der theoretischen Rauhtiefe R_t

Über die theoretische und praktische Oberflächenqualität beim Drehen liegen zahlreiche Untersuchungen vor, die sich mit der erzielten Oberflächengüte vor allem bei der Feinbearbeitung befassen (20, 21, 22). Die Rauhtiefe R_t der Werkstückoberfläche wird durch die Eingriffsverhältnisse des Werkzeuges und die Schnittverhältnisse der jeweiligen Schneidstoff-Werkstoff-Paarung maßgeblich beeinflußt. Die theoretische Rauhtiefe kann entsprechend der Eingriffsverhältnisse des Werkzeuges als Funktion des Eckenradius und des Vorschubes berechnet werden. Wesentliche Abweichungen zwischen theoretischer und tatsächlicher Rauhtiefe haben ihren Ursprung in den Werkstoffeigenschaften des Werkstückes und dem Werkzeugverschleiß, der eine starke Veränderung des Schneidenprofiles bewirkt. Die praktisch erzielte Rauhtiefe bei zunehmender Schnittzeit und damit anwachsendem Werkzeugverschleiß kann jedoch keiner strengen Gesetzmäßigkeit zugeordnet werden (20).

Bei der Schruppbearbeitung werden die Schnittbedingungen in erster Linie durch die betriebspolitische Zielsetzung wie minimale Fertigungszeit oder minimale Fertigungskosten bestimmt. Die Größe des Vorschubes kann jedoch für einen Bearbeitungsfall durch die maximal zulässige Rauhtiefe der Werkstückoberfläche begrenzt sein. Betrachtet man die Eingriffsverhältnisse des Werkzeuges beim Drehen, wie in Abb. 24 und 25 dargestellt, so wird die theoretische Rauhtiefe R_t durch den Schnittpunkt zweier um den Vorschub s verschobener Schneidenprofile festgelegt. Unter der Bedingung, daß der Vorschub $s < 2r \cdot \cos \varkappa$ ist, liegt der Endpunkt der profilbildenden Schneide auf dem Radius des Werkzeuges. Für diesen Fall kann aus den geometrischen Eingriffsverhältnissen für die theoretische Rauhtiefe R_t die Beziehung

$$R_t = r - \sqrt{\frac{s^2}{4} - r^2}$$

näherungsweise
$$R_t = \frac{s^2}{8r}$$

(5)

abgeleitet werden (Abb. 24).

Für Vorschußwerte s > 2r cos $\varkappa$ liegt der Endpunkt der profilbildenden Schneide auf dem geraden Teil der Nebenschneide g, wie aus der Abb. 25 ersichtlich ist. In diesem Vorschubbereich würde die Berechnung der Rauhtiefe R_t nach der Gl. (5) mit großen Ungenauigkeiten verbunden sein. Im folgenden wird daher die für diesen Bereich gültige Gleichung zur Berechnung der theoretischen Rauhtiefe R_t abgeleitet, wobei eine Schneide mit einem Eckenwinkel $\epsilon = 90°$ vorausgesetzt wird.

Der Wert für die Rauhtiefe R_t ergibt sich aus der Differenz zwischen dem Radius r und dem Ordinatenwert y_s des Schnittpunktes des Kreises k um den Mittelpunkt M2 (s/o) mit dem Radius r und der Geraden g.

Für den Kreis k gilt die Gleichung:

$$(x - s)^2 + y^2 = r^2$$

Die Gerade g wird beschrieben durch

$$y = -\tan(90° - \varkappa) \cdot x + \frac{r}{\cos(90° - \varkappa)}$$

Durch Gleichsetzen der beiden Gleichungen ergibt sich der Ordinatenwert y_s zu:

$$y_s = \sin\varkappa\,(r - s \cdot \cos\varkappa) + \cos\varkappa\,\sqrt{2rs\cos\varkappa - s^2\cos^2\varkappa}$$

Somit gilt für die Rauhtiefe R_t die Beziehung:

$$R_t = r - \sin\varkappa\,(r - s \cdot \cos\varkappa) - \cos\varkappa\,\sqrt{2rs\cos\varkappa - s^2\cos^2\varkappa} \quad (6)$$

Die nach Gl. (5) und (6) berechneten Werte für die theoretische Rauhtiefe R_t sind in Abb. 26 als Funktion des Vorschubes s für einen Schneidenradius r = 0,8 mm und einen Einstellwinkel $\varkappa = 70°$ wiedergegeben. Die gemessenen Rauhtiefenwerte einer Versuchsreihe mit unverschlissenen Werkzeugen sind ebenfalls in der Abb. 20 als Punkte eingetragen. Wie aus der Darstellung zu erkennen ist, wird durch die Gl. (6) in dem Vorschubbereich s > 2 r · cos $\varkappa$ eine gute Näherung an die empirisch ermittelten Werte erzielt.

7. Mathematische Beschreibung des Standzeitverhaltens

In der Literatur sind in den letzten Jahren verschiedene Gleichungen zur Beschreibung des empirisch ermittelten Standzeitverhaltens bekannt geworden, die aufgrund ihres mathematischen Aufbaues unterschiedliche Aussagefähigkeit besitzen (23, 24). Während die einfachsten Standzeitgleichungen den gekrümmten Verlauf der Standzeit als Funktion der Schnittgeschwindigkeit in doppelt logarithmischer Darstellung durch eine Gerade annähern, bieten Exponentialfunktionen die Möglichkeit, neben der Beschreibung des gekrümmten Standzeitkurvenverlaufs ein Standzeitkurvenfeld als Funktion der Schnittgeschwindigkeit und des Vorschubes zu beschreiben (5).

Die Darstellung der Standzeit durch die von Taylor (25) entwickelte Gleichung

$$T = c_v \cdot v^k \quad (7)$$

hat nur in dem Schnittgeschwindigkeitsbereich Gültigkeit, in dem eine Standzeitkurve durch eine Gerade mit hinreichender Genauigkeit beschrieben werden kann (Abb. 27). Der in dieser Gleichung enthaltene Exponent k gibt die Steigung der Geraden im doppeltlogarithmischen Koordinatensystem an, die Größe c_v entspricht dem Ordinatenwert T bei v = 1 m/min. Die Konstanten k und c_v der Taylorschen Standzeitgleichung sind vorschub- und schnittgeschwindigkeitsabhängig.

Eine Exponentialfunktion, die den Einfluß von Vorschub und Schnittgeschwindigkeit auf die Standzeit erfaßt und darüber hinaus den allgemeinen Standzeitverlauf, d. h. das im doppelt-logarithmischen System nicht lineare Standzeitverhalten beschreibt, wurde von Depiereux vorgestellt (5). Die Entwicklung dieser Standzeitgleichung ist im folgenden beschrieben.

7.1 Aufbau einer erweiterten Standzeitgleichung

Das im Rahmen der Untersuchungen ermittelte Standzeitkurvenfeld in Abb. 28 zeigt den Einfluß von Schnittgeschwindigkeit und Vorschub auf die Standzeit. Als Standzeitkriterium wurde die Verschlechterung der Oberflächengüte, bedingt durch den starken Oxydationsverschleiß an der Nebenschneide, herangezogen, da das Erliegen der Werkzeugschneide bei diesen Schnittbedingungen durch die Oxydation bestimmt wurde.

Die Funktion T = f (v, s) der beiden Veränderlichen v und s kann als Darstellung einer räumlich gekrümmten Fläche aufgefaßt werden. So schneidet z.B. eine Ebene v = konst. eine Kurve aus, die durch eine Gleichung T = f (s) beschrieben wird. Trägt man die Steigungen k der T-v-Kurven als Funktion von v und die Steigungen i der T-s-Kurven als Funktion von s im doppelt-logarithmischen Koordinatensystem auf, so ergeben beide Darstellungen Geraden (Abb. 29), die durch die Exponentialfunktionen

$$k = k_v \cdot v^m \qquad (8)$$

$$i = i_s \cdot s^n \qquad (9)$$

beschrieben werden können. Dabei stellen k_v, m, i_s und n Konstanten dar, die von der Schneidstoff-Werkstückstoff-Paarung, der Schneidengeometrie, der Schneidflüssigkeit und der Schnittiefe abhängen. In Gl. (8) ist k_v der Wert von k für v = 1 m/min und m ist die Steigung der entsprechenden Geraden. Analog dazu bedeuten in Gl. (9) i_s den Wert von i für s = 1 mm/U und n die Steigung der entsprechenden Geraden.

Wegen der sehr geringen Steigungsunterschiede von k bei jeweils gleicher Schnittgeschwindigkeit und von i bei jeweils gleichem Vorschub kann mit gemittelten Werten von k und i gerechnet werden, ohne daß sich wesentliche Standzeitabweichungen ergeben. Da die Werte von k und i immer negativ und damit im doppelt-logarithmischen Koordinatensystem nicht darstellbar sind, wird folgende Vereinbarung getroffen:

Unter den Begriffen k und i werden nur deren absolute Werte verstanden. Sofern in einem Rechengang das Vorzeichen dieser beiden Größen beachtet werden muß, geschieht dies dadurch, daß das Vorzeichen in das zugehörige Rechenzeichen übertragen wird.

Die Funktionen (8,9) können als partielle Ableitungen der Funktion $T = f(s, v)$ betrachtet werden. Gl. (8) stellt die partielle Ableitung f nach v für s = konst. und Gl. (9) die partielle Ableitung f nach s für v = konst. dar; d.h.:

$$- k = \left(\frac{\partial \log T}{\partial \log v}\right)_s \tag{10}$$

und

$$- i = \left(\frac{\partial \log T}{\partial \log s}\right)_v \tag{11}$$

Weiterhin gilt:

$$\left(\frac{\partial T}{\partial v}\right)_s = - T \cdot k_v \cdot v^{m-1}$$

$$\left(\frac{\partial T}{\partial s}\right)_v = - T \cdot i_s \cdot s^{n-1}$$

Das totale Differential der Funktion $T = f(v, s)$ lautet:

$$dT = - T \cdot k_v \cdot v^{m-1} \cdot dv - T \cdot i_s \cdot s^{n-1} \cdot ds \tag{12}$$

Die Integration dieser Gl. führt zu der Standzeitgl.:

$$T = e^{\left(-\frac{k_v}{m} \cdot v^m - \frac{i_s}{n} \cdot s^n + c\right)} \tag{13}$$

Diese Gl. (13) erfaßt die Einflüsse von Vorschub und Schnittgeschwindigkeit auf die Standzeit und beschreibt darüber hinaus den allgemeinen Standzeitverlauf, d.h. das im doppelt-logarithmischen System nicht lineare Standzeitverhalten.

Die Taylorsche Standzeitgleichung $T = c_v \cdot v^k$ ist in Gl. (13) als Sonderfall dann enthalten, wenn die Standzeitkurven $T = f(v)$ als Geraden im doppelt-logarithmischen System angenommen werden, wie es in Abb. 30 demonstriert ist. Die Darstellung zeigt den Einfluß von Schnittgeschwindigkeit und Vorschub auf die Standzeit sowie die Ableitungen der T-v-Kurven als Funktion von v und der T-s-Kurven als Funktion von s im doppelt-logarithmischen Koordinatensystem. Für diese vereinfachende Annahme lauten die Gl. (8) und (9):

$$k = \text{konst.}$$

$$i = i_s \cdot s^n$$

Somit ändert sich Gl. (13) mit Gl. (10) und (11) in:

$$T = e^{\left(-\frac{i_s}{n} \cdot s^n + c\right)} \cdot v^{-k} \triangleq c_v \cdot v^k \tag{14}$$

Die entwickelten Gesetzmäßigkeiten gelten für alle Zerspanverfahren, unabhängig davon, ob Schnellarbeitsstahl- oder Hartmetallwerkzeuge verwendet werden und unabhängig vom gewählten Standzeitkriterium.

Zur Bestätigung dieser Aussage ist in Abb. 31 für zwei verschiedene Zerspanverfahren und unterschiedliche Schneidstoff-Werkstückstoff-Kombinationen das mit Hilfe der entwickelten Standzeitgl. (13) errechnete Standzeitverhalten den empirischen Werten gegenübergestellt. Im linken Teil der Abb. 31 ist das Standzeitverhalten eines legierten Vergütungsstahles der französischen Normbezeichnung 45 CD V 4, dessen Zerspanbarkeit im Rahmen eines internationalen Zerspanungsprogrammes (26) untersucht wurde, dargestellt. Die Berechnung der Standzeitkurven erfolgte mit Hilfe der Standzeitgl. (13), nachdem zuvor die Größen k_v, m, i_s, n und c dieser Gleichung aus 5 Wertepaaren bestimmt wurden. Ein Vergleich der errechneten Kurvenzüge und weiterer empirisch ermittelten Werte (Versuchspunkte) zeigt eine sehr gute Übereinstimmung.

Zur weiteren Überprüfung des errechneten Standzeitverhaltens wurde durch Standzeitversuche die Standzeit T_{vB} = 0,2 mm für die Schnittbedingungen v = 250 m/min und s = 0,315 mm/U bestimmt. Um eine zufällige Übereinstimmung der errechneten mit der empirisch ermittelten Standzeit auszuschließen, wurde der Versuch wiederholt. Im ersten Fall ergab sich eine Standzeitabweichung von ≈ 1 min, das entspricht bei einer errechneten Standzeit von 9 min einer Abweichung von ≈ 11 %; im zweiten Versuch betrug die Abweichung ≈ 15 %.

Für das zweite Beispiel (im rechten Teil der Abb. 31) wurden Standzeitwerte für das Scheibenfräsen von Nimonic mit Schnellarbeitsstahlwerkzeugen der Bezeichnung E Mo 12 aus der Literatur entnommen (27). Auch für dieses Beispiel ergibt sich eine gute Übereinstimmung zwischen den errechneten und den gemessenen Standzeiten.

Die beste Übereinstimmung eines nach der erweiterten Standzeitgl. (13) berechneten Standzeitkurvenfeldes mit dem empirisch ermittelten Verlauf des Standzeitverhaltens einer Werkstückstoff-Schneidstoffpaarung ist immer dann gegeben, wenn die Steigungen der Standzeitkurven T = f (v) mit dem Parameter s für jeweils eine Schnittgeschwindigkeit und die Steigungen der Standzeitkurven T = f (s) mit dem Parameter v für jeweils einen Vorschub konstant sind. Diese Voraussetzung ist beispielsweise bei dem Standzeitkurvenfeld in Abb. 28 gegeben, wie der lineare Verlauf der Steigung k als Funktion von v und der Steigung i als Funktion von s in doppelt-logarithmischer Darstellung (Abb. 29) zeigt.

Für die untersuchten Werkstückstoff-Schneidstoff-Kombinationen wurden ebenfalls aufbauend auf fünf empirisch ermittelten Standzeitwerten das Standzeitverhalten T_{OT_N} = f (v) für die Verschlechterung der Oberflächengüte als Standzeitkriterium bzw. $T_{VB = 0,4\ mm}$ = f (v) für eine maximale Verschleißmarkenbreite VB = 0,4 mm nach Gl. (13) berechnet. Die Abb. 32 und 33 enthalten die entsprechenden berechneten Standzeitkurven und die durch Langzeitversuche ermittelten Standzeitwerte. Der Vergleich der errechneten Kurvenzüge mit den empirisch ermittelten Standzeitwerten zeigt auch für diese Werkstückstoff-Schneidstoff-Kombination eine zufriedenstellende Übereinstimmung.

7.2 Gegenüberstellung der Standzeitgleichungen

Bisher ist es wegen der Vielzahl der Einflußparameter nicht gelungen, eine auf physikalische Gesetzmäßigkeiten basierende Gleichung zu entwickeln, die jeden empirisch ermittelten Verlauf des Standzeitverhaltens einer Werkstückstoff-Schneidpaarung beschreibt. Den bekannten Standzeitgleichungen liegen funktionale Modellvorstellungen zu Grunde, nach denen ein empirisch ermitteltes Standzeitverhalten näherungsweise mathematisch beschrieben werden kann.

Die Taylorsche Standzeitgleichung nähert eine Standzeitkurve für jeweils einen Vorschub durch eine Gerade mit konstanter Steigung an, die durch den Exponenten k festgelegt ist. Die vorgestellte erweiterte Standzeitgleichung ermöglicht darüber hinaus die Beschreibung eines Standzeitkurvenfeldes innerhalb eines relativ großen Vorschub- und Schnittgeschwindigkeitsbereiches.

Tab. 2: Gegenüberstellung der Exponenten der Standzeitgleichungen

Werkstückstoff	Schneidstoff	Schneidengeometrie						Exponenten der erweiterten Standzeitgleichung				Exponent k der Taylor-Gleichung
		α	δ	λ	$\varkappa$	ε	γ	k_v	m	i_s	n	c	
C m 55 N *	HM P 15	6°	-6°	-6°	70°	90°	1,2	$2,34 \cdot 10^{-5}$	2,5	5,91	1,43	7,16	- 3,2 bis - 8,9
45 C D V 4'	HM P 10	6°	6°	0°	70°	90°	0,8	$6,82 \cdot 10^{-2}$	0,64	60,66	3,41	6,22	- 2,2 bis - 2,6
Nimonic	S 9-4-3-12	6°	12°	10°				$9,18 \cdot 10^{-2}$	1,29	2,24	0,42	7,86	- 2,1 bis - 2,5
C m 55 N **	HM P 10	6°	-6°	-6°	70°	90°	1,2	$0,36 \cdot 10^{-11}$	5,71	2,97	0,07	43,8	- 6,5 bis - 9,1
C m 55 N **	HM P 15	6°	-6°	-6°	70°	90°	1,2	$0,56 \cdot 10^{-6}$	3,32	5,19	1,06	8,86	- 4,5 bis - 9,4
C m 55 N **	HM P 30	5°	6°	0°	70°	90°	1,2	$0,41 \cdot 10^{-6}$	3,45	13,79	6,3	3,86	- 4,1 bis - 7,05

Die Krümmung des jeweiligen Standzeitkurvenfeldes hat auf die Werte der Exponenten der erweiterten Standzeitgleichung einen wesentlichen Einfluß. In der Tab. 2 sind diese Werte für das Standzeitverhalten, das in den Abb. 28, 31, 32, 33 beschrieben ist, gegenübergestellt. Aus der Tabelle ist zu entnehmen, daß die Werte der Exponenten der erweiterten Standzeitgleichung für die betrachteten Standzeitkurven einen großen Zahlenbereich überdecken. Die Beschreibung dieser Standzeitkurven durch eine Gerade führt zu den entsprechenden Werten für die Steigung k, die ebenfalls in der Tab. 2 enthalten sind. Da der Exponent k eine Funktion des Vorschubes und der Schnittgeschwindigkeit ist, ergibt sich für jede Standzeitkurve eines Feldes ein anderer Wertebereich des Exponenten k. Zur besseren Übersicht sind die entsprechenden Werte für jeweils ein Kurvenfeld als ein Bereich angegeben. Die Gegenüberstellung der Werte für den Exponenten k zeigt, daß für diese Größe ein relativ kleiner Zahlenbereich festgelegt werden kann.

Der einfache Aufbau der Taylorschen Standzeitgleichung ermöglicht die Entwicklung einer übersichtlichen Gleichung zur Berechnung der kostengünstigsten oder zeitgünstigsten Standzeit T_0, die in Abb. 1 und Kapitel 7 angegeben ist. Da der in dieser Gleichung enthaltene Exponent k der Taylorschen Standzeitgleichung für verschiedene Werkstoff-Schneidkombinationen in einem engen Wertebereich liegt, kann ohne großen Aufwand die optimale Standzeit T_0

als Funktion der Kostenfaktoren für Maschine und Werkzeug näherungsweise bestimmt werden. Für die Ermittlung optimaler Schnittbedingungen besitzt die Taylorsche Standzeitgleichung jedoch nur begrenzte Aussagefähigkeit, wie im nächsten Kapitel dargestellt ist.

Zur genaueren Kennzeichnung der erläuterten Standzeitgleichungen sind in der folgenden Zusammenstellung die charakteristischen Eigenschaften genannt:

Taylorsche Standzeitgleichung: $T = c_v \cdot v^k$

1. Kurventyp: Gerade, die Konstanten c_v und k sind vorschub- und schnittgeschwindigkeitsabhängig.
   Annäherung einer Standzeitkurve durch eine Gerade.
   Gültig für einen engen Schnittgeschwindigkeitsbereich und jeweils einen Vorschub.
2. Zur Bestimmung einer Standzeitgeraden sind mindestens 2 Standzeitwerte erforderlich.
3. Die Größe des Exponenten k liegt für verschiedene Werkstückstoff-Schneidstoff-Kombinationen in einem engen Wertebereich.
4. Die überschlägige Ermittlung der optimalen Standzeit aufgrund von Richtwerten für die Größe k ist möglich.

Erweiterte Standzeitgleichung: $T = e^{(-\frac{k_v}{m} \cdot v^m - \frac{1_s}{n} \cdot s^n + c)}$

1. Kurventyp: Gekrümmter Verlauf, die Konstanten sind vorschub- und schnittgeschwindigkeitsabhängig.
   Beschreibung eines Standzeitkurvenfeldes.
   Gültig für einen großen Vorschub- und Schnittgeschwindigkeitsbereich.
2. Zur Bestimmung der Konstanten und damit zur Beschreibung eines Standzeitkurvenfeldes sind fünf Standzeitwerte erforderlich.
3. Die Größe der Konstanten kann keinem engen Wertebereich zugeordnet werden.
4. Eine überschlägige Ermittlung der optimalen Standzeit ist wegen des transzendenten Aufbaus der Standzeitgleichung nicht möglich (vgl. Kapitel 8).

8. Ermittlung optimaler Schnittbedingugen

Die Werte der optimalen Schnittbedingungen werden in erster Linie durch die betriebspolitische Zielsetzung bestimmt. Während in der Hochkonjunktur das Zeitoptimum, also die maximale Ausbringungsrate anzustreben ist, wird bei ausgeglichener Marktlage das Kostenoptimum als Zielsetzung zugrundegelegt. Das Arbeiten im Zeit- oder Kostenoptimum erfordert die Wahl geeigneter Schnittbedingungen, die minimale Fertigungszeit pro Stück bzw. minimale Fertigungskosten pro Stück ergeben (37).

Mehrere Autoren analysierten den Einfluß der Faktoren, die die Wirtschaftlichkeit des Zerspanprozesses bestimmen (28 - 35). Dabei stellte sich heraus, daß insbesondere die Schnittgeschwindigkeit und der Vorschub das Optimierungskriterium wie Fertigungskosten oder Fertigungszeit pro Stück beeinflussen. Eine gleichzeitige Optimierung von Schnittgeschwindigkeit und Vorschub läßt sich aber nur dann erreichen, wenn das Standzeitverhalten in Abhängigkeit von diesen beiden Schnittwerten formelmäßig erfaßbar ist. Die Darstellung der Standzeit durch die von Taylor (25) entwickelte Gleichung

$$T = c_v \cdot v^k$$

ist streng nur für einen relativ engen Schnittgeschwindigkeitsbereich gültig und berücksichtigt nur den Einfluß der Schnittgeschwindigkeit (Abb. 27). Die Anwendung dieser Gleichung bei der Ermittlung optimaler Schnittbedingungen läßt deshalb nur die Berechnung der optimalen Schnittgeschwindigkeit v_o für einen vorgegebenen Vorschub zu.

Die Differentiation der Gleichung zur Berechnung der Fertigungszeit bzw. Fertigungskosten führt unter Berücksichtigung der Standzeitgleichung zu einer übersichtlichen Berechnungsformel der optimalen Standzeit und optimalen Schnittgeschwindigkeit. Im folgenden sind diese Gleichungen für eine Kostenoptimierung angeführt:

Fertigungskosten pro Stück:

$$K = A + \frac{B}{s \cdot v} + \frac{C}{s \cdot v \cdot c_v \cdot v^k} \qquad (15)$$

mit $A = (t_r + t_n) \cdot \frac{L + Km}{60}$

$$B = \frac{\pi \cdot d \cdot 1 \, (L + Km)}{60 \cdot 10^3} \qquad C = \frac{\pi \cdot d \cdot 1 \, [(L+Km) \cdot t_w + W_T]}{60 \cdot 10^3}$$

kostenoptimale Schnittgeschwindigkeit:

$$v_o^k = \frac{-(k+1) \, (t_w + \frac{60 \, W_T}{L + Km})}{c_v} \qquad (16)$$

kostenoptimale Standzeit:

$$T_o = -(k + 1) \, (t_w + \frac{60 \, W_T}{L + K_m}) \qquad (17)$$

Da die Konstante k dieser Gleichung in einem relativ engen Wertbereich liegt (vgl. Kapitel 7.2), kann die optimale Standzeit aufgrund von Richtwerten für k als Funktion der Faktoren Werkzeugwechselzeit, Werkzeugkosten pro Standzeit und Lohn- und Maschinenkosten näherungsweise bestimmt werden. Bei bekannten Konstanten der Taylorschen Standzeitgleichung wird die optimale Schnittgeschwindigkeit nach Gl. (16) berechnet oder für die berechnete optimale Standzeit T_o graphisch ermittelt (3, 29).

Verschiedentlich wird die Ansicht vertreten (29 - 33), daß allein durch eine Optimierung der Schnittgeschwindigkeit das Ko-

stenminimum hinreichend genau angenähert werden kann, sofern der
größtmögliche Vorschub eingestellt wird. An Hand von theoretischen Überlegungen und Kostenvergleichen wurde jedoch nachgewiesen, daß für eine kostengünstige oder zeitgünstige Fertigung eine
optimale Auswahl von Schnittgeschwindigkeit und Vorschub erforderlich ist, sofern nicht Kriterien, wie z.B. eine bestimmte geforderte Oberflächengüte, eine Begrenzung der Schnittbedingungen
notwendig machen (37). Eine gleichzeitige Optimierung von Schnittgeschwindigkeit und Vorschub und damit die Bestimmung der genauen
optimalen Werte läßt sich nur dann erreichen, wenn eine Standzeitgleichung bei der Optimierung Berücksichtigung findet, die im Gegensatz zur Taylorschen Gleichung alle Abhängigkeiten der Variablen Vorschub und Schnittgeschwindigkeit erfaßt.

Mehrere Autoren (33, 34 - 36) versuchten den Einfluß des Vorschubes auf die Standzeit in eine erweiterte Standzeitleichung der
Form

$$v \cdot T^n \cdot s^m = k \tag{18}$$

einzubeziehen. Diese Polynome höherer Ordnung führen aber zu
keiner praktikablen Lösung. Obwohl diese Funktion ein Minimum
besitzt, wie sich durch Einsetzen von Zahlenwerten für Standzeit, Schnittgeschwindigkeit und Vorschub in die Kostengleichung
nachweisen läßt, ist es nicht möglich, dieses Minimum, das durch
die Angaben der optimalen Schnittbedingungen v_o und s_o definiert
ist, durch partielle Differentiation der Gl. (18) zu berechnen.
Der Grund hierfür liegt in den in Gl. (18) unberücksichtigten Abhängigkeiten der Exponenten m und n, die nicht konstant, sondern
wiederum Funktionen der beiden Variablen s und v sind.

Mit der entwickelten Standzeitgleichung (13), die alle Abhängigkeiten der einzelnen Variablen zueinander erfaßt, ist dagegen
die Voraussetzung für die Berechnung der kostengünstigen Schnittbedingungen v_o und s_o gegeben.

Die partielle Differentiation der Gleichung zur Berechnung der
Fertigungszeit bzw. der Fertigungskosten führt unter Berücksichtigung dieser Standzeitgleichung zu einem transzendenten Gleichungssystem, aus dem iterativ die optimalen Schnittbedingungen
ermittelt werden können. Im folgenden sind diese Gleichungen für
eine Kostenoptimierung angeführt:

kostenoptimaler Vorschub:

$$s_o = \frac{\ln \frac{B}{C} + c - \frac{k_v}{m} \cdot v_o^m - \ln (k_v \cdot v_o^m - 1)}{\frac{i_s}{n}} \tag{19}$$

kostenoptimale Schnittgeschwindigkeit:

$$v_o^m \left(\frac{k_v}{m} + \frac{k_v}{n}\right) - \left(\ln \frac{B}{C} + c\right) = -\ln (k_v \cdot v_o^m - 1) \tag{20}$$

kostenoptimale Standzeit:

$$T_o = e^{(-\frac{k_v}{m} \cdot v_o^m - \frac{i_s}{n} \cdot s_o^n + c)} \tag{21}$$

Die Voraussetzung für die Ermittlung der optimalen Schnittbedingungen v_o und s_o ist die vorherige Berechnung der in der Standzeitgleichung (13) auftretenden Größen k_v, m, i_s, n und c aufgrund von fünf empirisch ermittelten Standzeitwerten einer Werkstückstoff-Schneidstoffpaarung.

Die nach Gl. (20) durch ein Näherungsverfahren, wie z.B. "regula falsi", ermittelte optimale Schnittgeschwindigkeit v_o wird in Gl. (19) eingesetzt, aus der dann der Vorschub s_o als einzige Unbekannte errechnet werden kann. Bei bekannten Werten für s_o und v_o ist die Berechnung der zugehörigen optimalen Standzeit T_o nach Gl. (21) möglich. Ein entsprechendes Rechenprogramm wurde in der Programmiersprache Fortran IV entwickelt.

Neben dem Standzeitverhalten der jeweiligen Werkstückstoff-Schneidstoffkombination haben die Kostenfaktoren der Bearbeitung wie Werkzeugwechselzeit, Werkzeugkosten und Lohn- und Maschinenkosten einen wesentlichen Einfluß auf die optimalen Werte für Schnittgeschwindigkeit, Vorschub und Standzeit. In den Abb. 34, 35, und 36 sind diese Einflüsse graphisch für das in Abb. 32 (links) beschriebene Standzeitverhalten wiedergegeben. Die optimalen Schnittwerte wurden nach den Gl. 19, 20 und 21 mit Hilfe des Rechenprogrammes ermittelt.

Wie aus Abb. 34 zu erkennen ist, bewirken steigende Lohn- und Maschinenkosten eine wesentliche Senkung der optimalen Standzeitwerte. Mit einer Verkürzung der Standzeit ist eine Erhöhung der optimalen Werte für Schnittgeschwindigkeit und Vorschub verbunden. Den gleichen Einfluß üben sinkende Werkzeugkosten und Werkzeugwechselzeiten auf die optimalen Werte der Bearbeitungsbedingungen aus, wie aus den Abb. 35 und 36 ersichtlich ist. Weiterhin kann den Darstellungen entnommen werden, daß durch die Kostenfaktoren vor allem die optimale Standzeit T_o und Schnittgeschwindigkeit v_o beeinflußt wird. Dagegen ist der optimale Vorschub bei zunehmenden Größen von t_w, W_T und $L + K_m$ nur relativ kleinen Änderungen unterworfen.

Legt man die für die heutigen Bestriebsmittel gültigen Kostensätze zu Grunde, so ist diesen Darstellungen zu entnehmen, daß für eine kostengünstige Fertigung ein optimaler Standzeitbereich von 10 bis 20 Minuten anzustreben ist.

9. Zusammenfassung

Im Rahmen der vorliegenden Untersuchungen über die Verschleißformen und die Gesetzmäßigkeiten des Verschleißzuwachses am Drehwerkzeug wurde insbesondere bei hohen Schnittbedingungen und damit im Bereich kurzer Standzeiten festgestellt, daß das Erliegen der Werkzeugschneide durch die ausgeprägte Oxydation der Nebenschneide bestimmt werden kann. Diese Verschleißform bewirkt mit zunehmender Schnittzeit eine Zerstörung der profilbildenden Schneide des Werkzeuges, so daß eine wesentliche Verschlechterung der Werkstückoberfläche zu verzeichnen ist. Die bisherigen Standzeitkriterien für Freiflächen- und Kolkverschleiß traten bei den durchgeführten Untersuchungen in den Hintergrund.

Die systematische Untersuchung des Oxydationsverschleißes auf der Nebenfreifläche führte zu einer aussagefähigen Kenngröße dieser Verschleißart, so daß eine Berechnung der zu erwartenden Standzeit aufgrund weniger Verschleißmessungen möglich ist.

Der Einfluß der Schnittbedingungen auf die Werte der Hauptschnittkraft konnte durch Versuche festgestellt und durch eine erweiterte Gleichung zur Berechnung der Schnittkraft beschrieben werden.

Zur Ermittlung der theoretischen Rauhtiefe wurden Gesetzmäßigkeiten aufgestellt, die im Gegensatz zu den bekannten Formeln in einem größeren Gültigkeitsbereich die Berechnung der Rauhtiefe in Abhängigkeit von den geometrischen Eingriffsverhältnissen des Werkzeuges ermöglichen.

Zur Beschreibung des Standzeitverhaltens einer Werkstückstoff-Schneidstoffpaarung wurden zwei im mathematischen Aufbau unterschiedliche Gleichungen gegenübergestellt und analysiert.

Eine allgemeingültige, qualitative Einstufung der Standzeitgleichungen kann wegen der unterschiedlichen Eigenschaften und Aussagefähigkeit nicht durchgeführt werden.

Der Einfluß der Faktoren Werkzeugwechselzeit, Werkzeugkosten und Lohn- und Maschinenkosten auf die optimalen Werte für Schnittgeschwindigkeit, Vorschub und Standzeit wurde für ein Bearbeitungsbeispiel aufgezeigt. Weiterhin konnte nachgewiesen werden, daß für eine kostengünstige Fertigung bei Zugrundelegung der Kostenfaktoren für moderne Betriebsmittel extrem kurze Standzeiten des Werkzeuges von ca. 10 bis 20 Minuten anzustreben sind.

Literaturverzeichnis

(1) Hirsch, B., Bestimmung optimaler Schnittbedingungen bei der maschinellen Programmierung von NC-Drehmaschinen mit EXAPT 2, Industrie-Anzeiger 90 (1968) Nr. 24, S. 469/473.

(2) Uedelhoven, J., Spanende Werkzeuge in der modernen Fertigung, VDI-Verlag GmbH Düsseldorf, 1969.

(3) Schaumann, R., Ermittlung und Berechnung der kostengünstigen Standzeit und Schnittgeschwindigkeit wt-Z. ind. Fertig. 60 (1970) 1 S. 14 - 21.

(4) Vieregge, G., Zerspanung der Eisenwerkstoffe. Stahleisen 1959, Düsseldorf.

(5) Depiereux, W.R., Die Ermittlung optimaler Schnittbedingungen insbesondere im Hinblick auf die wirtschaftliche Nutzung numerisch gesteuerter Werkzeugmaschinen. Dissertation TH Aachen 1969.

(6) Opitz, H. und N. Diederich, Untersuchungen der Ursachen für Abweichungen des Verschleißverhaltens spanabhebender Werkzeuge. Forschungsberichte des Landes NRW Nr. 2043, Köln und Opladen, 1969.

(7) Opitz, H. und H. Axer, Beeinflussung des Verschleißverhaltens bei spanenden Werkzeugen durch flüssige und gasförmige Kühlmittel und elektrische Maßnahmen. Forschungsbericht des Landes NRW Nr. 271, Köln und Opladen.

(8) Ekemar, Plastic Deformation of Cemented Carbide Cutting Tools. The Sandvik Steel Works, Stockholm.

(9) Trent, E.M., Metallurgical Changes at the Tool/Work Interface, Conference of Machinability, London 1965.

(10) König, W., Der Werkzeugverschleiß bei der spanenden Bearbeitung von Stahlwerkstoffen. Werkstattstechnik 56 (1966) H. 5, S. 229/234.

(11) Tuininga, E.J. und A.J. Pekelharing, The Wear and Oxidation Phenomena on the End Cutting Edge of Carbide, Beitrag zur CIRP Generalversammlung August 1965, Liège.

(12) Andersen, S.P., Tool Failure in Rough Turning of Steel with Carbide Tools. Dept. of Production Engineering and Machine Tools, University Trondheim, Reports CT-2-1966, CT-3-1967.

(13) Victor, H., Schnittkraftberchnungen für das Abspanen von Metallen, wt-Z. ind. Fertig. 59 (1969) 7, S. 317 - 326.

(14) Kienzle, O. Die Bestimmung von Kräften und Leistungen an spanenden Werkzeugen und Werkzeugmaschinen. Z. VDI 94 (1952) S. 299 - 305.

(15) Schiffer, F., Spanungskräfte bei sehr hohen Schnittgeschwindigkeiten - Ein Beitrag zur Erweiterung der Gültigkeitsbereiche der Schnittkraftgesetze im Fließspanbereich bei Erhöhung der Schnittgeschwindigkeit bis 7000 m/min. Dissertation Technische Universität Dresden 1964,

(16) König, W. und K. Essel, Bisher unveröffentlichte Forschungsergebnisse des Laboratoriums für Werkzeugmaschinen und Betriebslehre der RWTH Aachen. Forschungsbericht AIF. Bestimmung spezifischer Schnittkraftwerte bei der Zerspanung.

(17) Blankenstein, B., Der Zerspanprozeß als Ursache für Schnittkraftschwankungen beim Drehen mit Hartmetallwerkzeugen. Dissertation TH Aachen 1968.

(18) Forschungsvorhaben LAF des Laboratoriums für Werkzeugmaschinen und Betriebslehre der RWTH Aachen. Entwicklung der Zusammenhänge zwischen Schnittkraft, Verschleiß und Oberflächengüte bei der spanenden Bearbeitung im Hinblick auf eine adaptive Prozeßregelung.

(19) Opitz, H., H. Rohde und W. König, Untersuchungen der Spanformung durch Spanbrecher beim Drehen mit Hartmetallwerkzeugen. Forschungsbericht des Landes NRW Nr. 120.

(20) Opitz, H. und P.-M. Brammertz, Untersuchungen der Ursachen für Form- und Maßfehler bei der Feinbearbeitung. Forschungsbericht des Landes NRW Nr. 1008.

(21) Keller, K. und M. Thurm, Theoretische und praktische Oberflächenqualität beim Bearbeitungsverfahren Drehen. Fertigungstechnik u. Betrieb 16 (1966) 9, S. 558 - 562.

(22) Betz, F., Verschleiß und Oberflächenproblem beim Feindrehen. Fertigung 1 (1970) S. 9 ff.

(23) Colding, B. und W. König, Validity of the Taylor Equation in Metal Cutting. Presented at the 1970 CIRP General Assembly August- Sept. 1970, Italy.

(24) Bisher unveröffentliche Ergebnisse des Laboratoriums für Werkzeugmaschinen und Betriebslehre über die Analyse verschiedener Standzeitgleichungen.

(25) Taylor, F.W., On the Art of Metal Cutting. Trans. ASME 28 (1901).

(26) Verhalten von Hartmetallwerkzeugen. Forschungsprogramm der CIRP-OECD. Unveröffentlichter Bericht C 11 des Laboratoriums für Werkzeugmaschinen und Betriebslehre der RWTH Aachen, 1968.

(27) König, U. und A. Köhl, Fräsen hochwarmfester Werkstoffe mit HSS-Schneidstoffen. IFL-Mitteilungen 4 (1965) 1, S. 34/39.

(28) Brewer, R.C., On the economics of the basic turning operation. Trans. of ASME, Oct. 1968, S. 1479.

(29) Witthoff, J. Die Ermittlung der günstigsten Arbeitsbedingungen bei der spangebenden Formung. Werkstatt und Betrieb 85 (1952) 10, S. 521/526.

(30) Eisele, F., Die Wirtschaftlichkeit der Zerspanung. Der Maschinenmarkt, Nr. 69/70, 1955.

(31) Burmester, H., Über die Wahl der Schnittbedingungen beim Drehen. Werkstatt und Betrieb 82 (1949) 6, S. 185/224.

(32) Shaw, M.C., Wirtschaftlichkeitsbetrachtungen für die spanabhebende Bearbeitung. Industrie-Anzeiger 79 (1957) 56, S. 847/851.

(33) Amarego, E.J.A. und J.K. Russel, Maximum Profit Rate as a Criterion for the Selection of Machining Conditions. Int. f. Mach. Tool Des. Res., Vol 6 (1966), S. 15/33.

(34) Wu, S.M. und L.H. Tee, Computerized Determination of Optimum Cutting Conditions für a Fixed Demand. 9th Int. M.T.D.R. Conference, Manchester 1968, Paper MS No. 24.

(35) Bjørke, O., Mathematical Models for Calculation of Cutting Data in Rough Turning. Presented CIRP Group "O", Paris 1968.

(36) Degenhardt, U., Grundlagen zur Optimierung der Zerspanungsbedingungen unter besonderer Berücksichtigung des Werkzeugverschleißes. Dissertation TH Aachen, 1968.

(37) Opitz, H., W. König, u.a., Numerische Optimierung der Bearbeitungsbedingungen während des Drehvorganges. Forschungsbericht LAF des Landes NRW Nr. 2143, Köln und Opladen, 1970.

Abbildungen

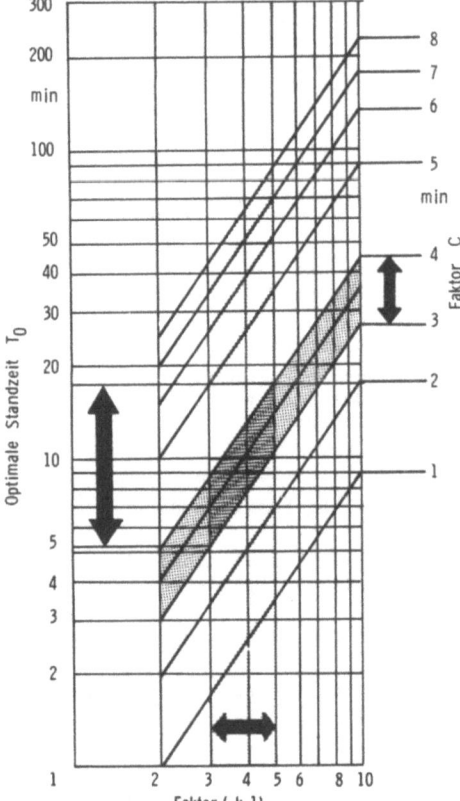

Abb. 1: Abgrenzung des optimalen Standzeitbereiches

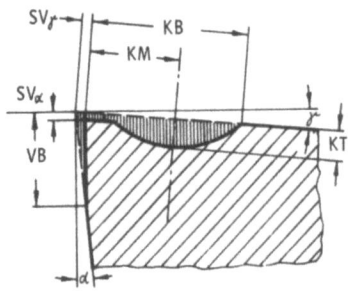

VB = Verschleißmarkenbreite
SV_α = Schneidkantenversatz in Richtung Freifläche
SV_γ = Schneidkantenversatz in Richtung Spanfläche
KB = Kolkbreite
KM = Kolkmittenabstand
KT = Kolktiefe
$K = \frac{KT}{KM}$ = Kolkverhältnis

Abb. 2: Verschleißformen an Zerspanwerkzeugen

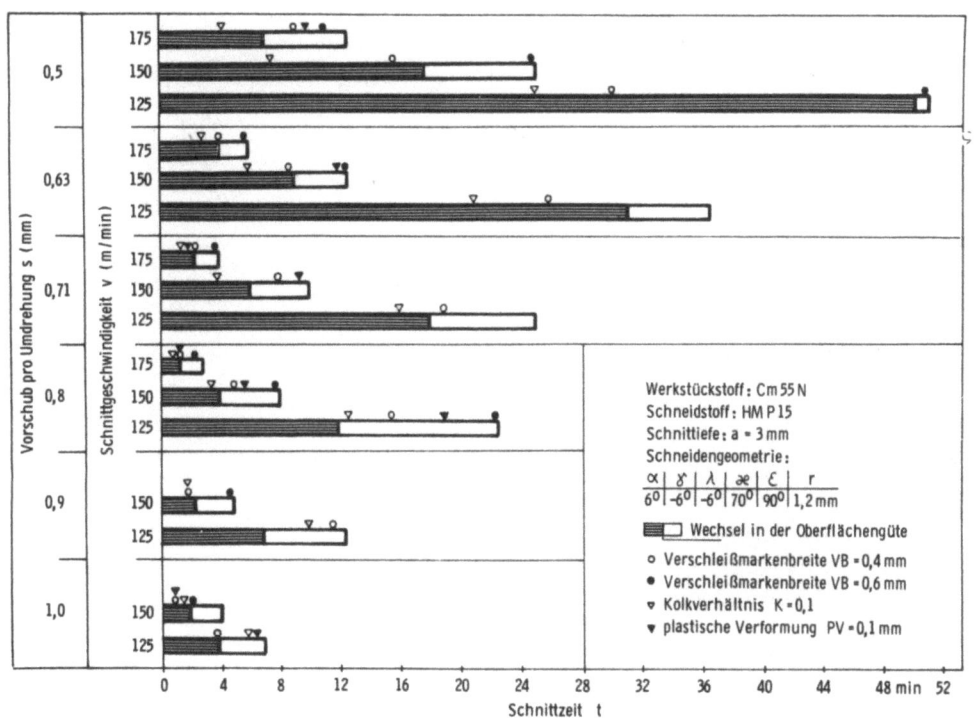

Abb. 3: Zeitliches Auftreten der verschiedenen Verschleißgrößen

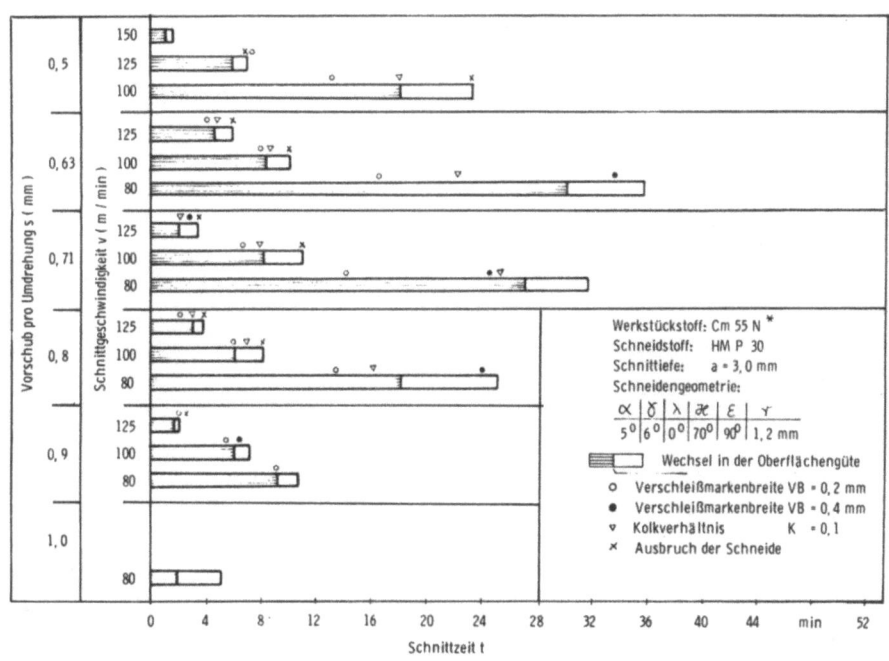

Abb. 4: Zeitliches Auftreten der verschiedenen Verschleißgrößen

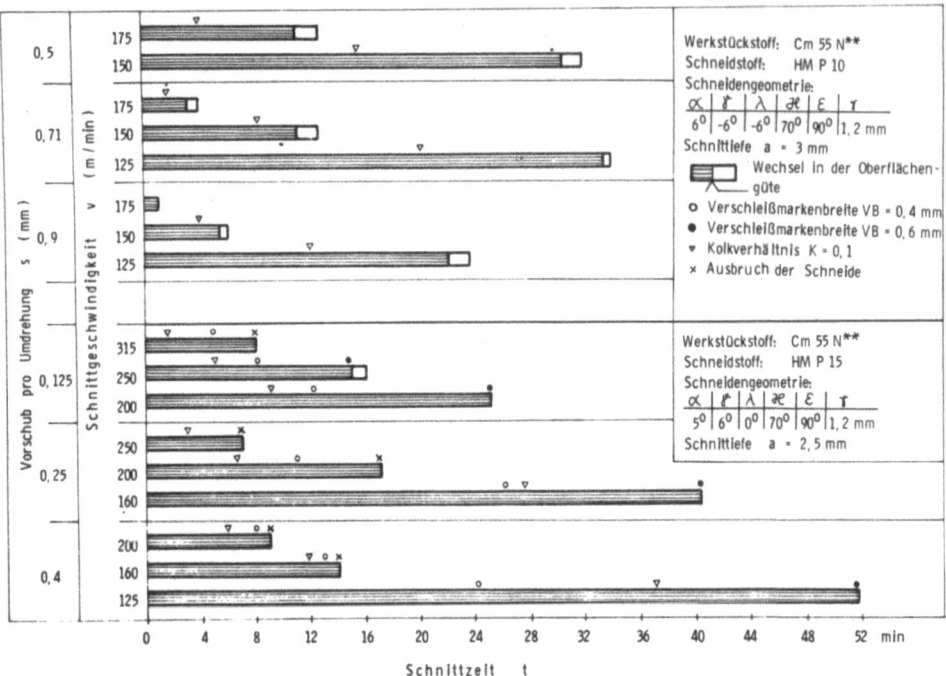

Abb. 5: Zeitliches Auftreten der verschiedenen Verschleißgrößen

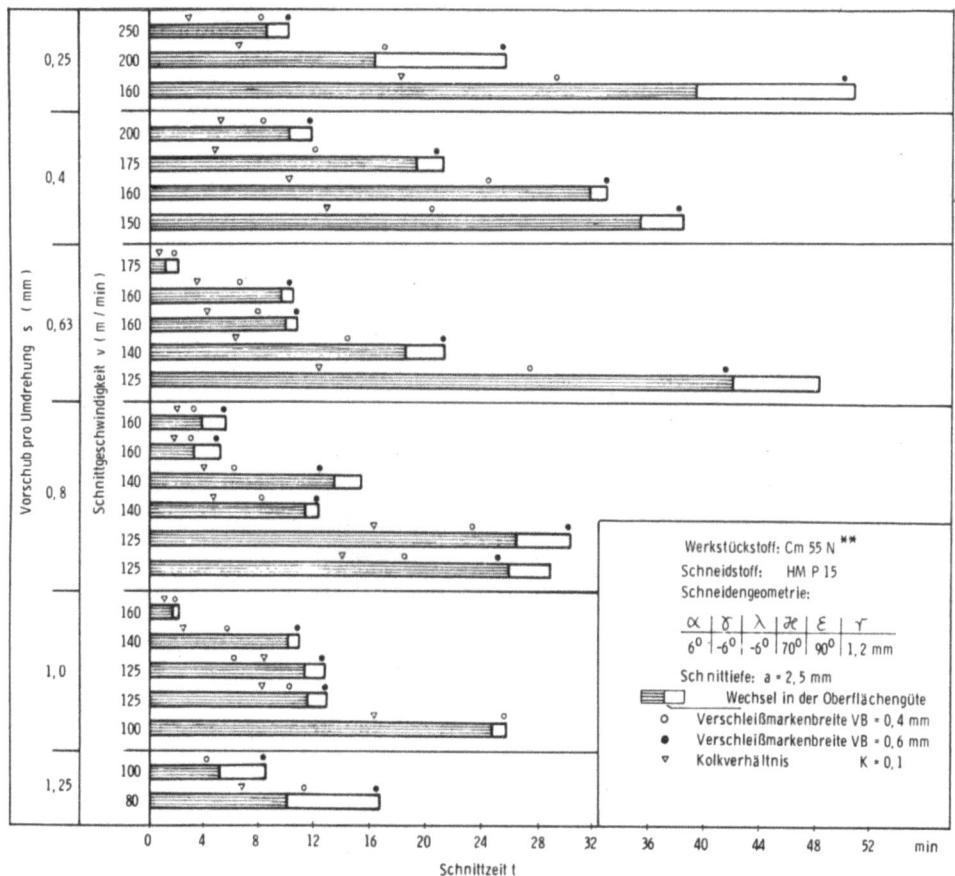

Abb. 6: Zeitliches Auftreten der verschiedenen Verschleißgrößen

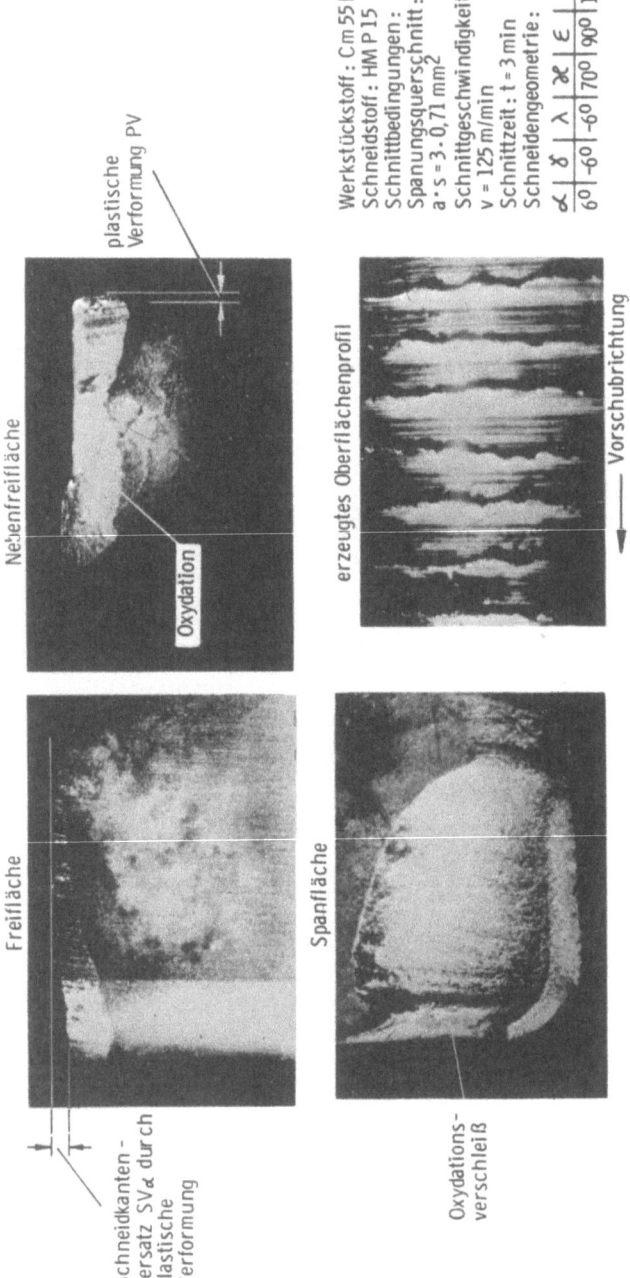

Abb. 7: Verschleißformen an Hartmetallwerkzeugen und erzeugtes Oberflächenprofil bei erhöhten Schnittbedingungen

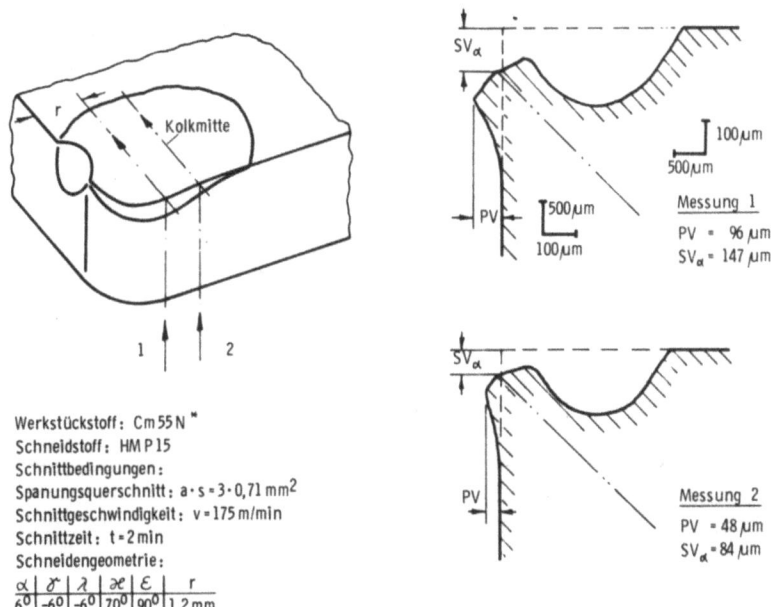

Abb. 8: Messung der plastischen Verformung PV und des Schneidkantenversatzes SV_α

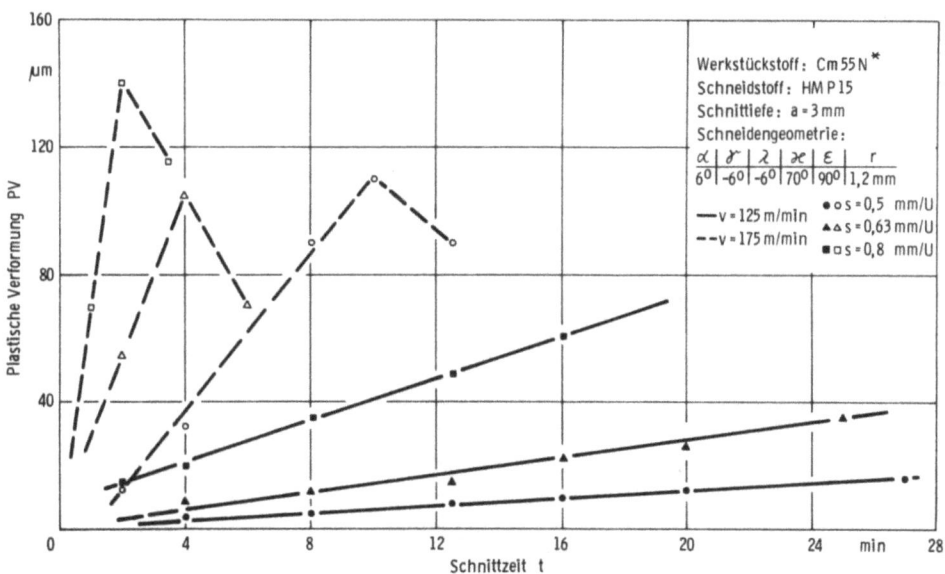

Abb. 9: Einfluß der Schnittbedingungen auf die plastische Verformung PV

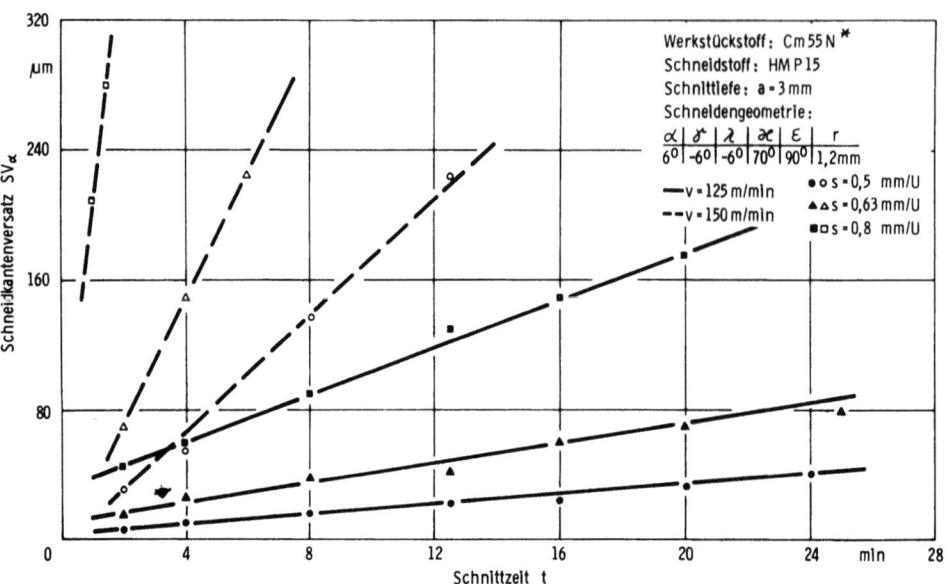

Abb. 10: Einfluß der Schnittbedingungen auf den Schneidkantenversatz SV_α

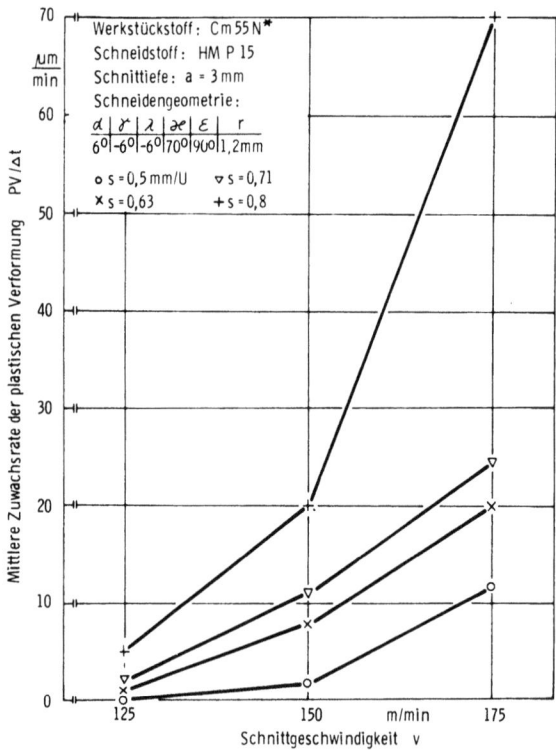

Abb. 11: Mittlere Zuwachsrate der plastischen Verformung $\Delta\,PV/\Delta t$ in Abhängigkeit von Schnittgeschwindigkeit und Vorschub

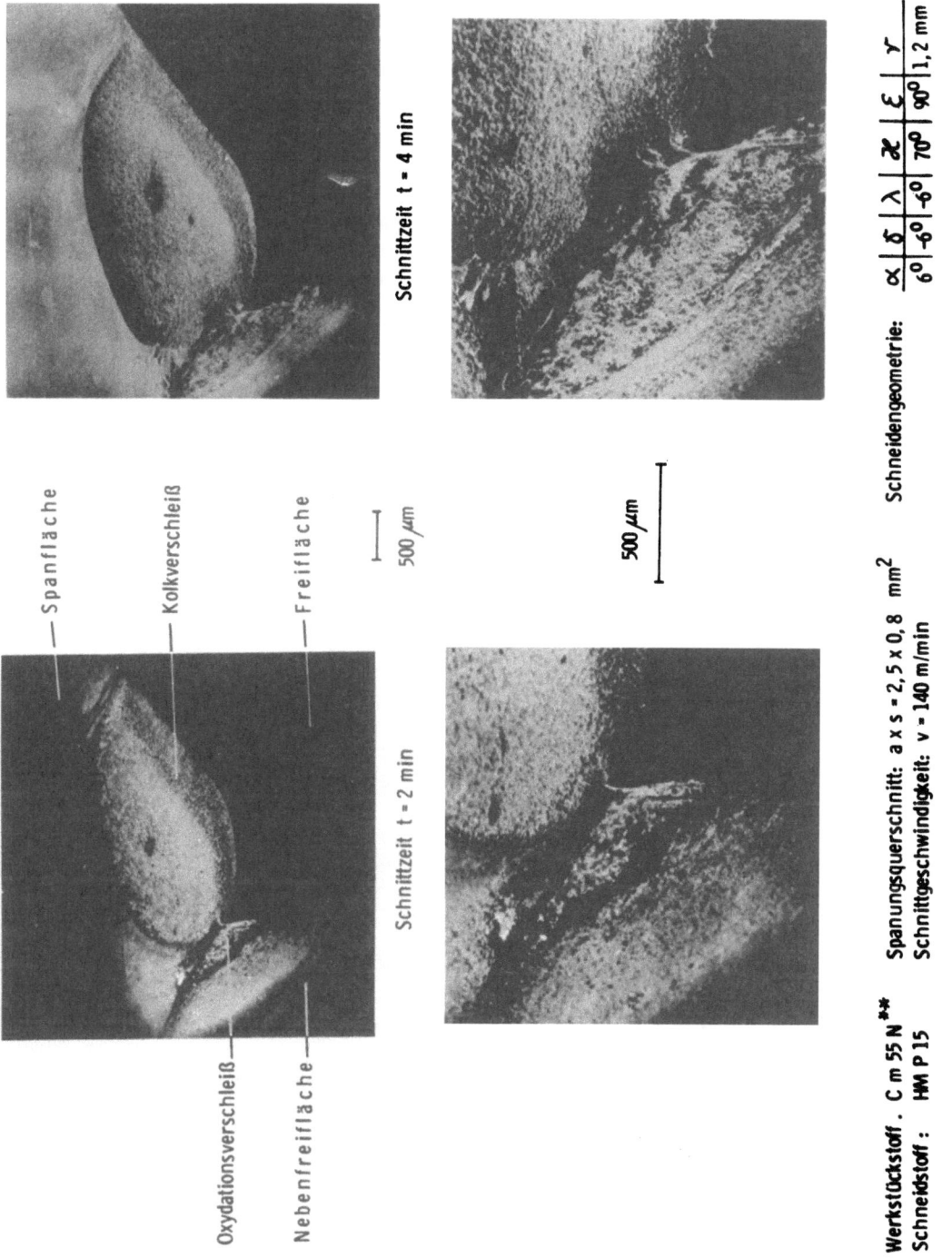

Abb. 12: Oxydationsverschleiß an Hartmetalldrehwerkzeugen.

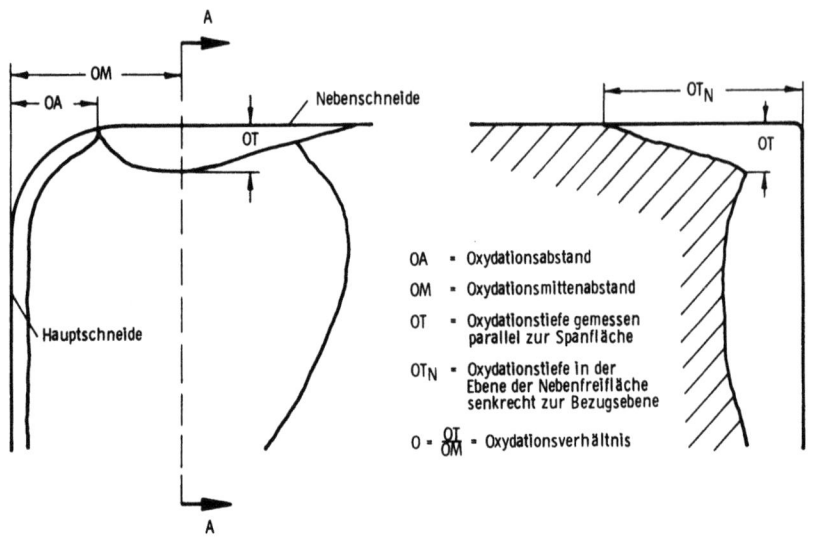

Abb. 13: Oxydationsverschleiß an Hartmetallwerkzeugen

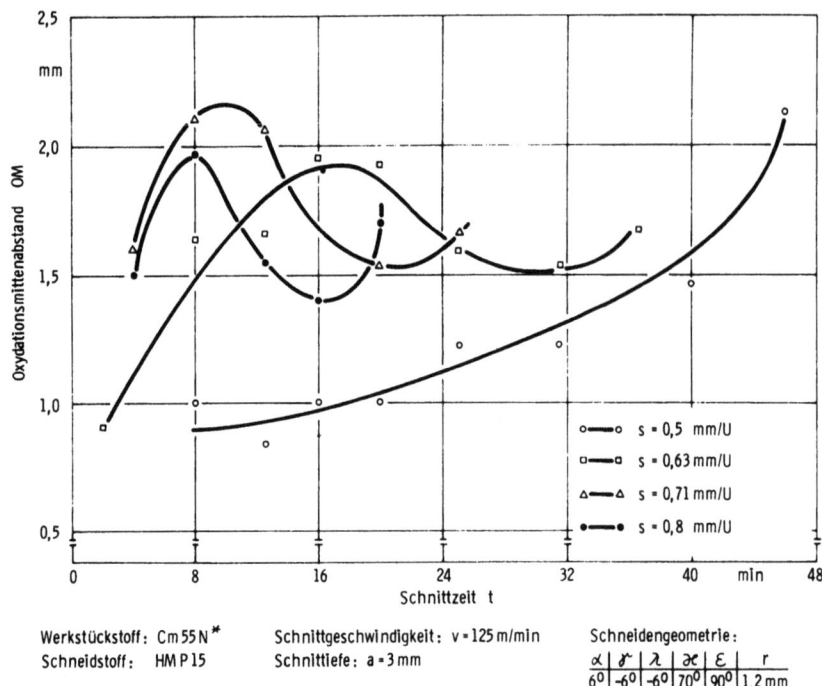

Abb. 14: Oxydationsmittenabstand OM in Abhängigkeit von der Schnittzeit

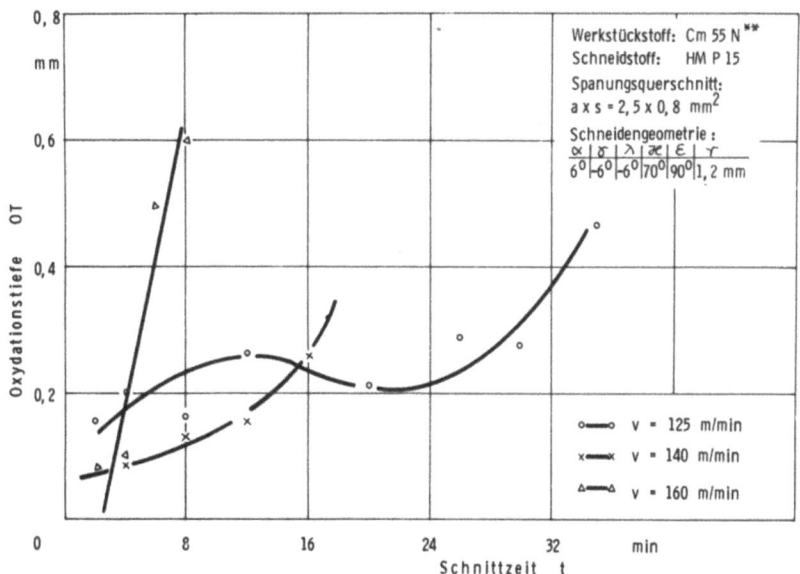

Abb. 15: Oxydationstiefe OT in Abhängigkeit von der Schnittzeit

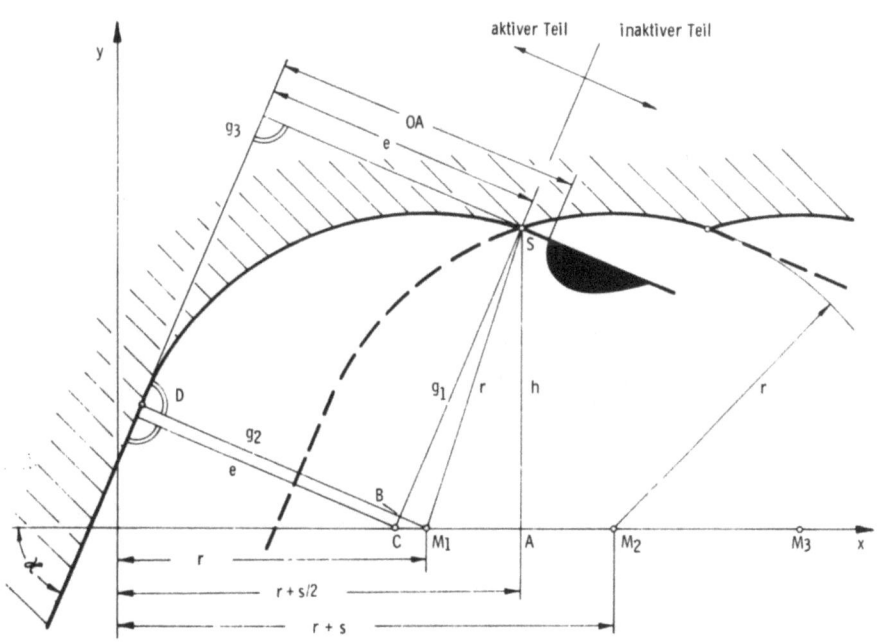

Abb. 16: Geometrische Eingriffsverhältnisse an der Schneidenrundung

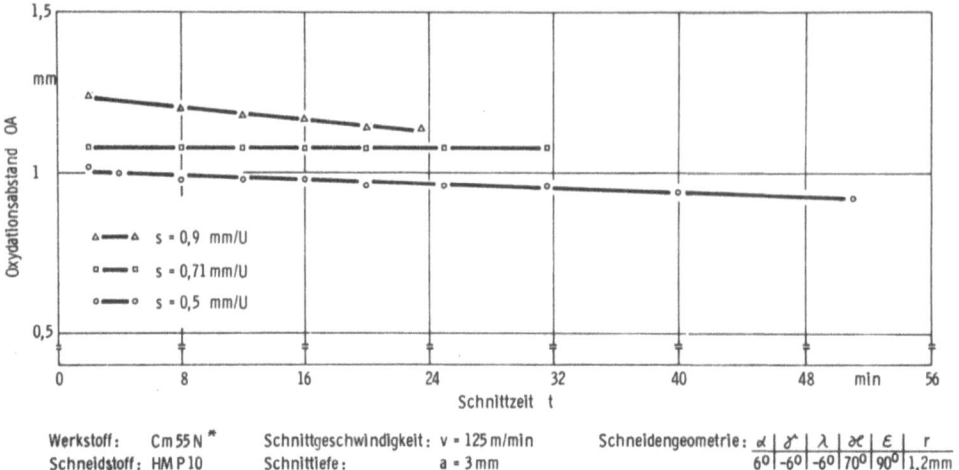

Abb. 17: Oxydationsabstand OA in Abhängigkeit von der Schnittzeit t

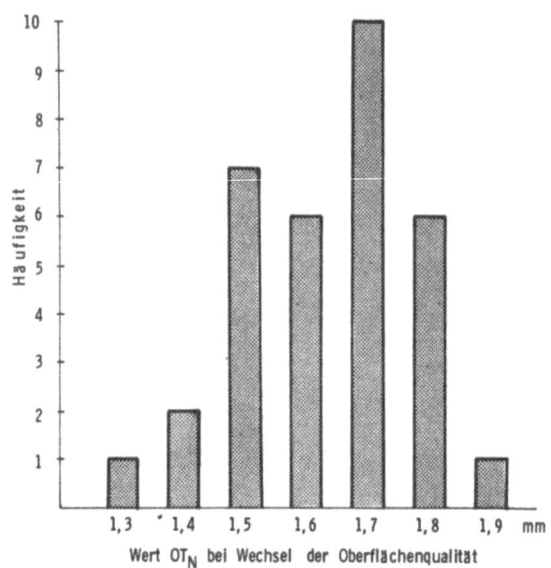

Abb. 18: Häufigkeit der ermittelten Werte für die Oxydationstiefe OT_N bei Wechsel in der Oberflächenqualität

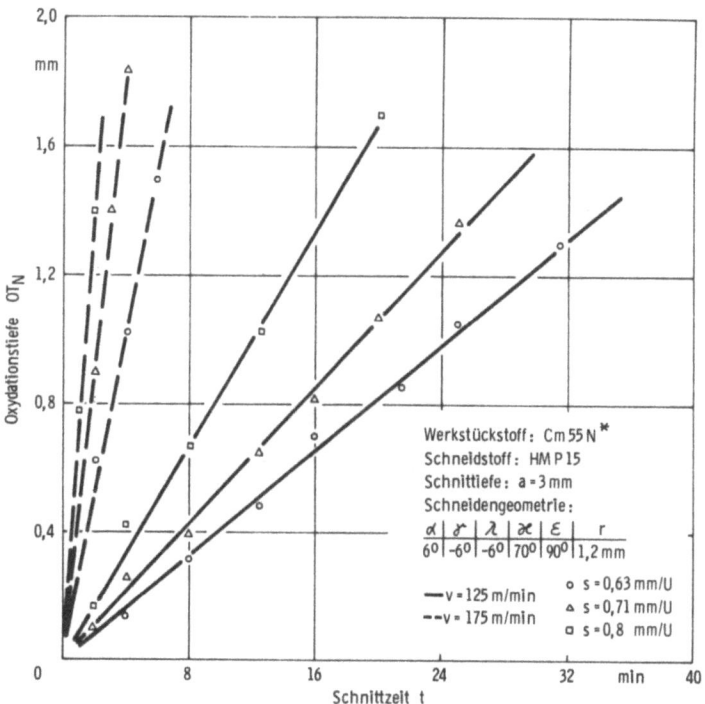

Abb. 19: Oxydationstiefe OT_N in Abhängigkeit von der Schnittzeit

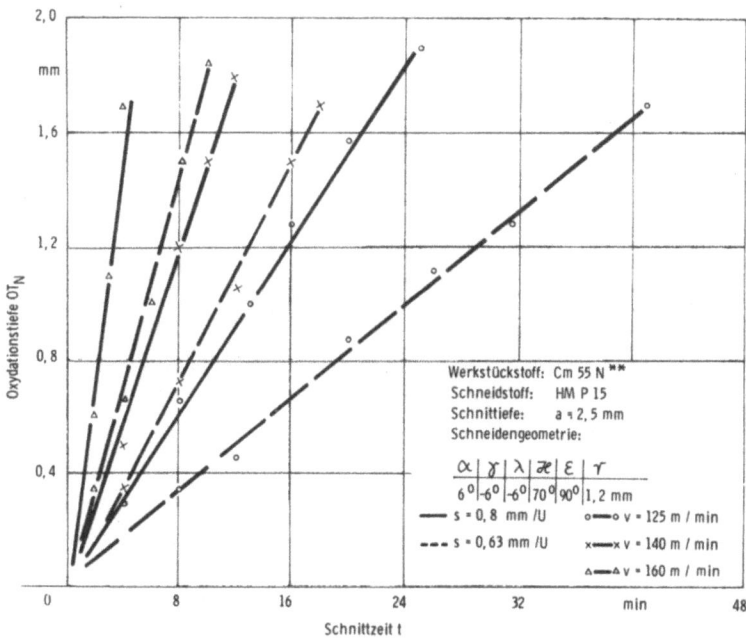

Abb. 20: Oxydationstiefe OT_N in Abhängigkeit von der Schnittzeit

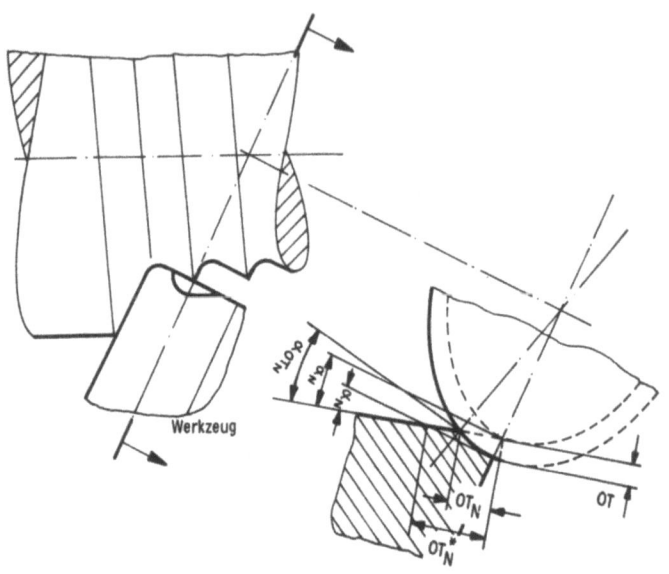

Abb. 21: Schematische Darstellung der Schnittverhältnisse an der Nebenschneide bei ausgeprägtem Oxydationsverschleiß

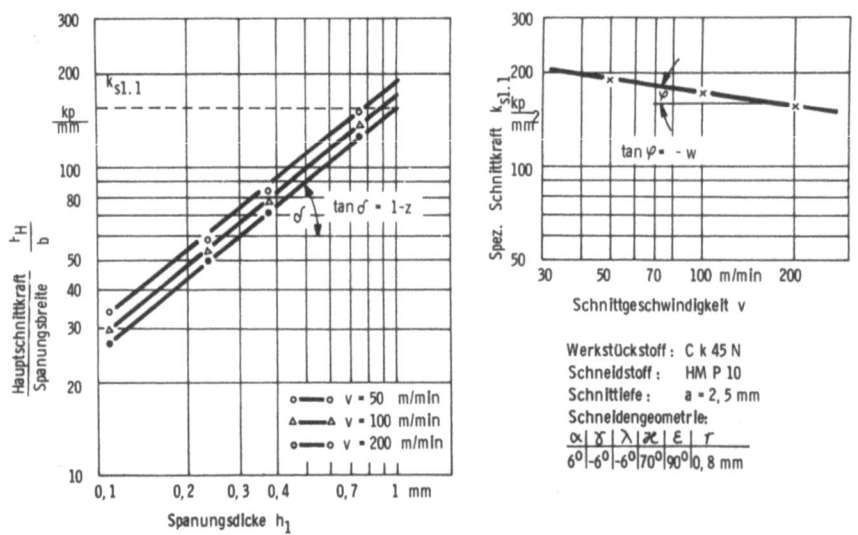

Abb. 22: Einfluß von Spanungsdicke und Schnittgeschwindigkeit auf die Hauptschnittkraft

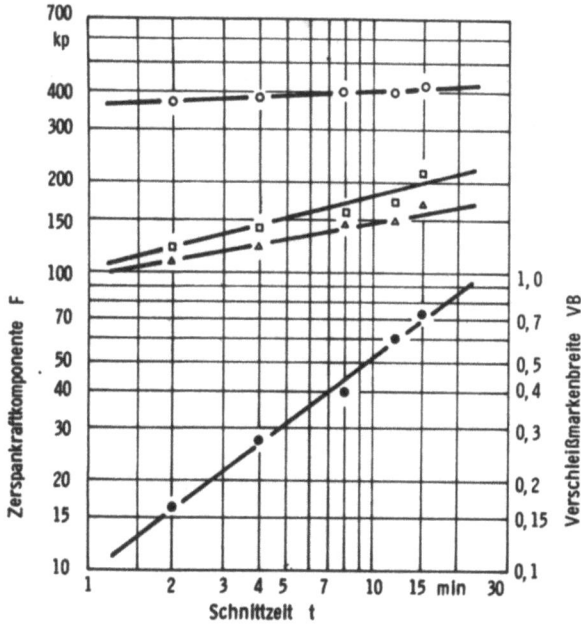

Abb. 23: Abhängigkeit der Schnittkräfte und der Verschleißmarkenbreite von der Schnittzeit

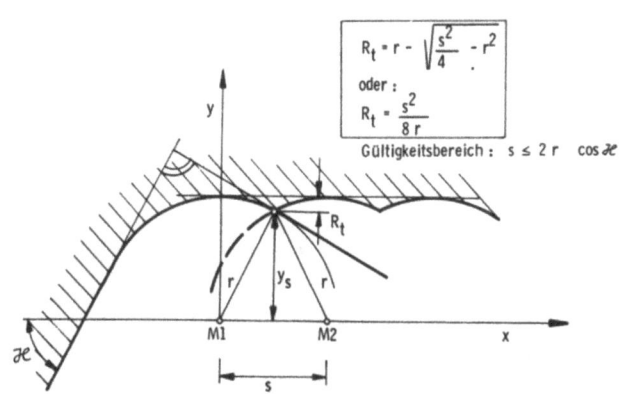

Abb. 24: Geometrische Eingriffsverhältnisse des Werkzeuges beim Drehen

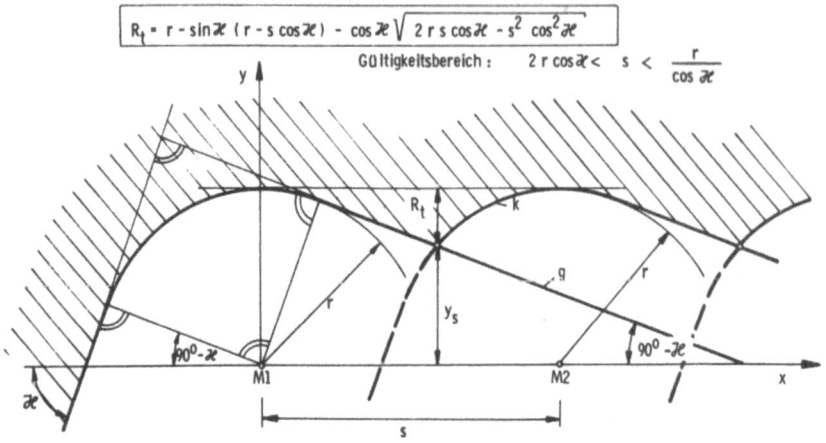

Abb. 25: Geometrische Eingriffsverhältnisse des Werkzeuges beim Drehen

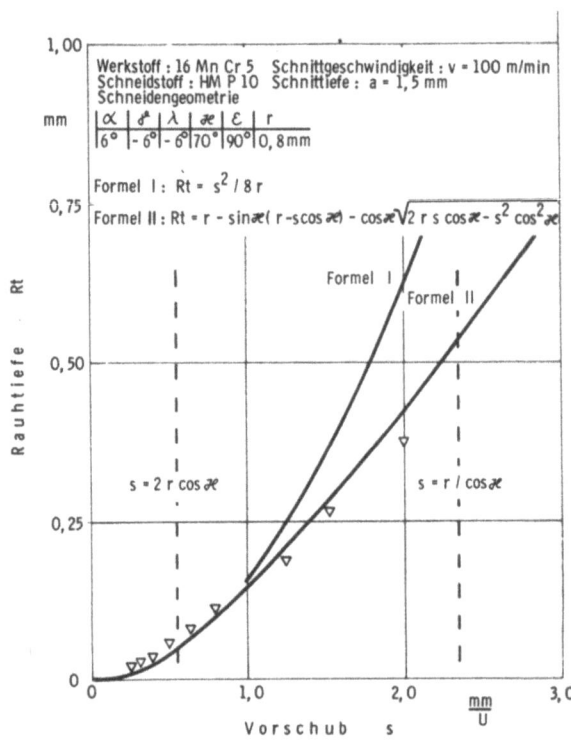

Abb. 26: Vergleich der berechneten Rauhtiefe Rt mit empirisch ermittelten Werten

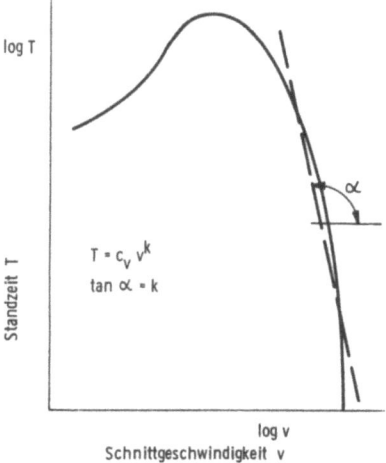

Abb. 27: Schematische Darstellung der Standzeit in Abhängigkeit von der Schnittgeschwindigkeit

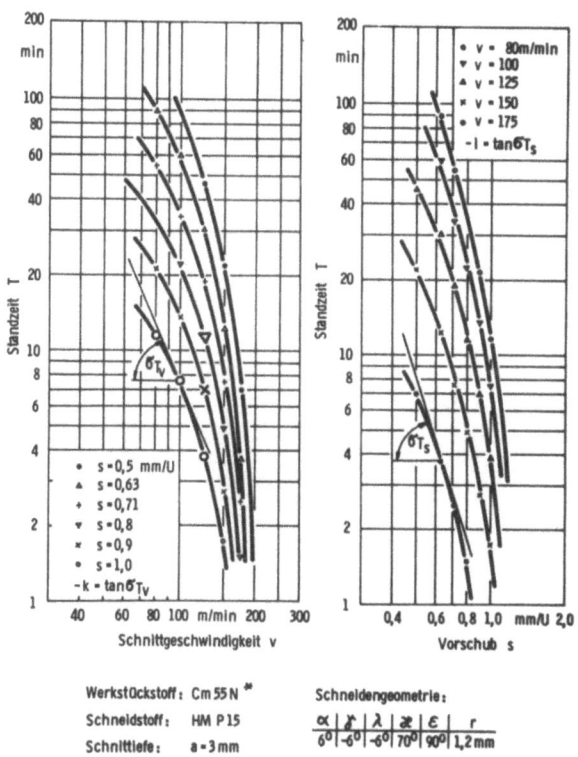

Abb. 28: Einfluß von Vorschub und Schnittgeschwindigkeit auf die Standzeit

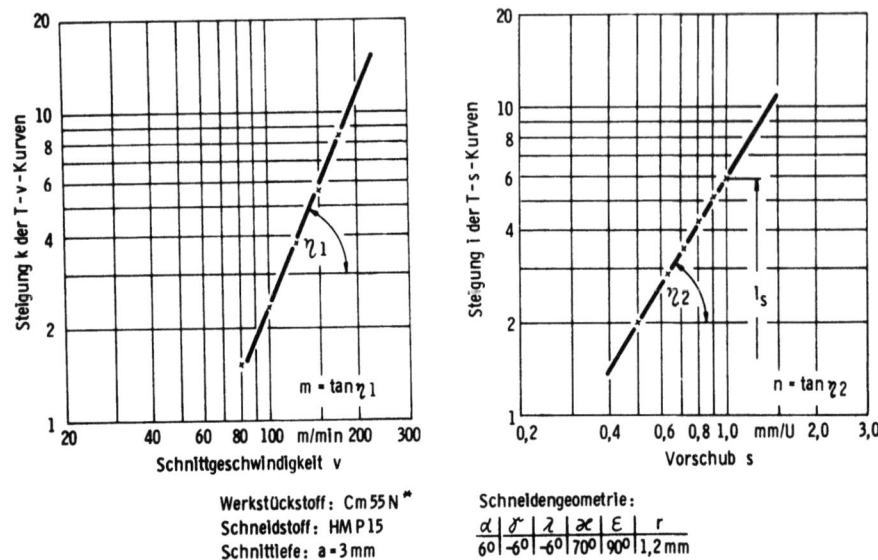

Abb. 29: Steigung der Standzeitkurven als Funktion von Schnittgeschwindigkeit bzw. Vorschub

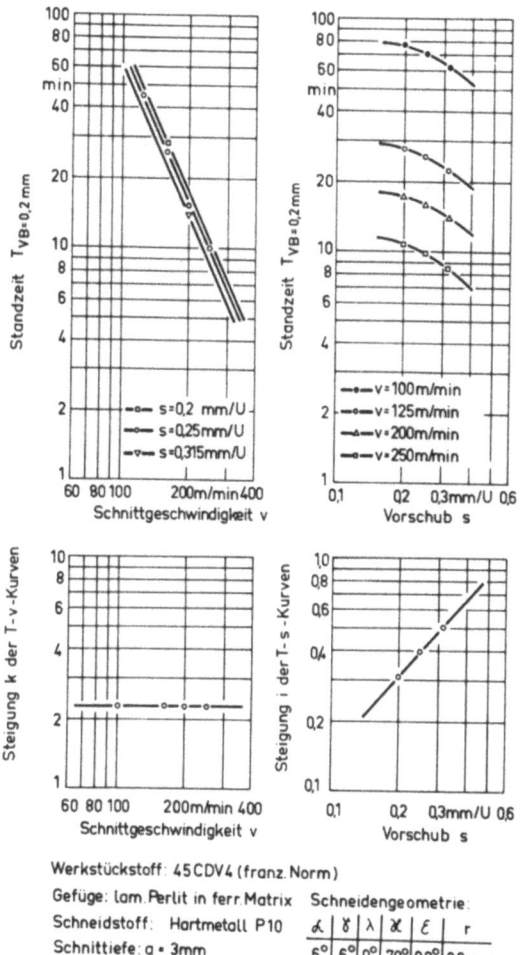

Abb. 30: Standzeitkurven und ihre ersten Ableitungen als Funktion von Schnittgeschwindigkeit und Vorschub. Standzeiten nach (25).

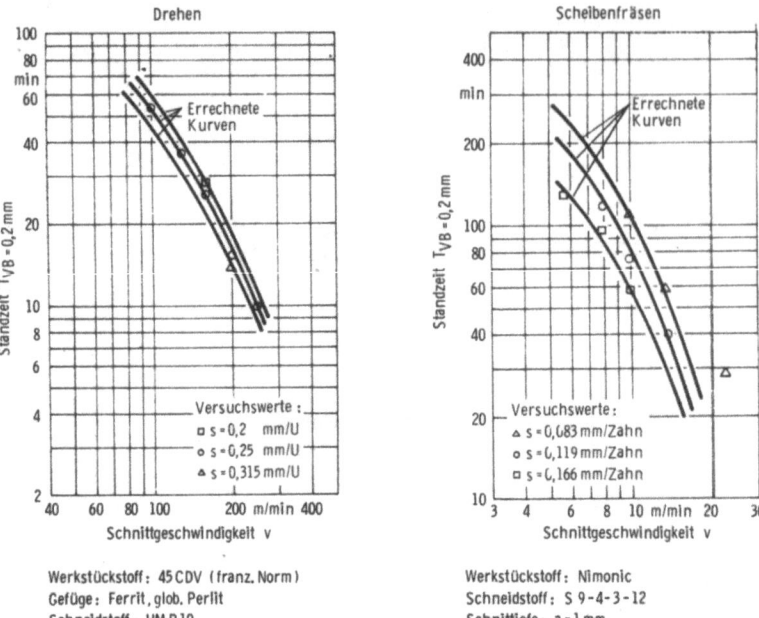

Abb. 31: Vergleich der errechneten Standzeitkurven mit empirisch ermittelten Werten (25, 26)

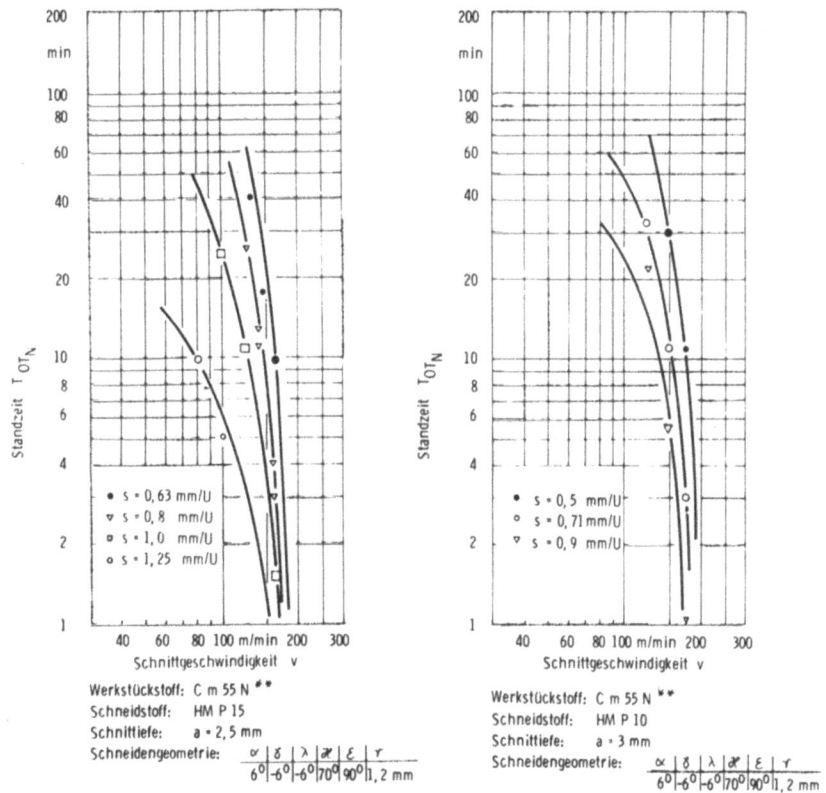

<u>Abb. 32:</u> Vergleich der errechneten Standzeitkurven mit empirisch ermittelten Werten

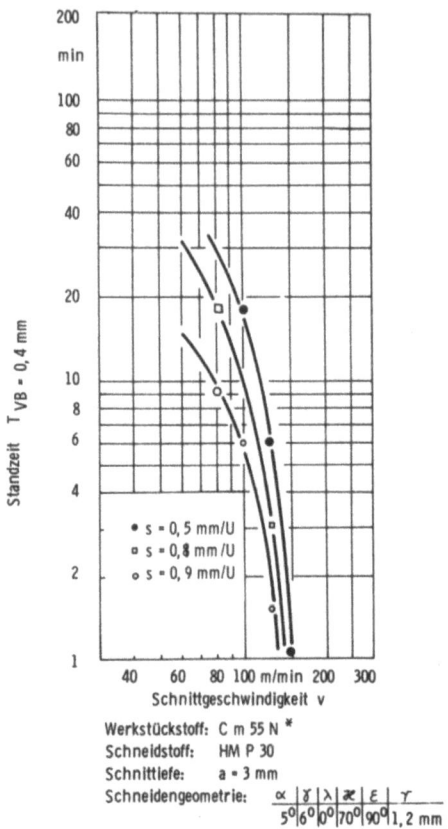

Abb. 33: Vergleich der errechneten Standzeitkurven mit empirisch ermittelten Werten

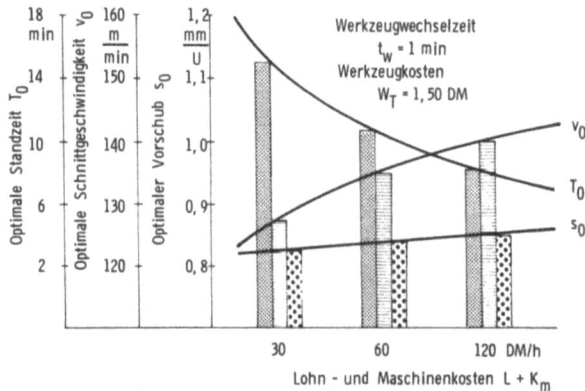

Abb. 34: Einfluß der Lohn- und Maschinenkosten auf die optimalen Werte für Standzeit, Schnittgeschwindigkeit und Vorschub

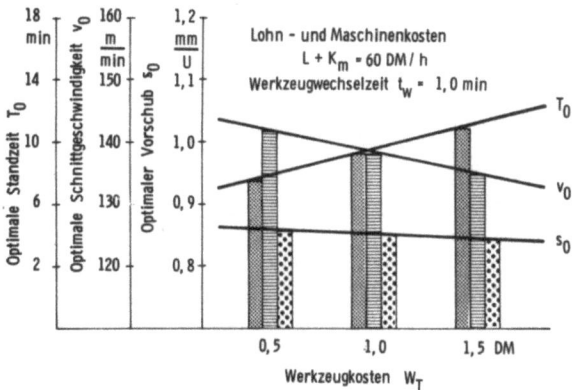

Abb. 35: Einfluß der Werkzeugkosten auf die optimalen Werte für Standzeit, Schnittgeschwindigkeit und Vorschub

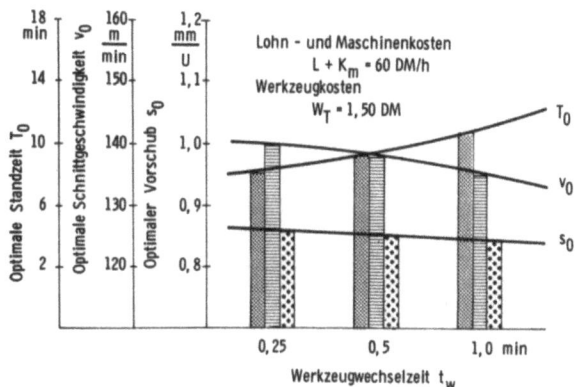

Abb. 36: Einfluß der Werkzeugwechselzeit auf die optimalen Werte für Standzeit, Schnittgeschwindigkeit und Vorschub

Forschungsberichte des Landes Nordrhein-Westfalen

Herausgegeben im Auftrage des Ministerpräsidenten Heinz Kühn vom Minister für Wissenschaft und Forschung Johannes Rau

Sachgruppenverzeichnis

Acetylen · Schweißtechnik
Acetylene · Welding gracitice
Acétylène · Technique du soudage
Acetileno · Técnica de la soldadura
Ацетилен и техника сварки

Arbeitswissenschaft
Labor science
Science du travail
Trabajo científico
Вопросы трудового процесса

Bau · Steine · Erden
Constructure · Construction material ·
Soilresearch
Construction · Matériaux de construction ·
Recherche souterraine
La construcción · Materiales de construcción ·
Reconocimiento del suelo
Строительство и строительные материалы

Bergbau
Mining
Exploitation des mines
Minería
Горное дело

Biologie
Biology
Biologie
Biologia
Биология

Chemie
Chemistry
Chimie
Quimica
Химия

Druck · Farbe · Papier · Photographie
Printing · Color · Paper · Photography
Imprimerie · Couleur · Papier · Photographie
Artes gráficas · Color · Papel · Fotografía
Типография · Краски · Бумага · Фотография

Eisenverarbeitende Industrie
Metal working industry
Industrie du fer
Industria del hierro
Металлообрабатывающая промышленность

Elektrotechnik · Optik
Electrotechnology · Optics
Electrotechnique · Optique
Electrotécnica · Optica
Электротехника и оптика

Energiewirtschaft
Power economy
Energie
Energía
Энергетическое хозяйство

Fahrzeugbau · Gasmotoren
Vehicle construction · Engines
Construction de véhicules · Moteurs
Construcción de vehículos · Motores
Производство транспортных средств

Fertigung
Fabrication
Fabrication
Fabricación
Производство

Funktechnik · Astronomie
Radio engineering · Astronomy
Radiotechnique · Astronomie
Radiotécnica · Astronomía
Радиотехника и астрономия

Gaswirtschaft
Gas economy
Gaz
Gas
Газовое хозяйство

Holzbearbeitung
Wood working
Travail du bois
Trabajo de la madera
Деревообработка

Hüttenwesen · Werkstoffkunde
Metallurgy · Materials research
Métallurgie · Matériaux
Metalurgia · Materiales
Металлургия и материаловедение

Kunststoffe
Plastics
Plastiques
Plásticos
Пластмассы

Luftfahrt · Flugwissenschaft
Aeronautics · Aviation
Aéronautique · Aviation
Aeronáutica · Aviación
Авиация

Luftreinhaltung
Air-cleaning
Purification de l'air
Purificación del aire
Очищение воздуха

Maschinenbau
Machinery
Construction mécanique
Construcción de máquinas
Машиностроительство

Mathematik
Mathematics
Mathématiques
Matemáticas
Математика

Medizin · Pharmakologie
Medicine · Pharmacology
Médecine · Pharmacologie
Medicina · Farmacología
Медицина и фармакология

NE-Metalle
Non-ferrous metal
Metal non ferreux
Metal no ferroso
Цветные металлы

Physik
Physics
Physique
Física
Физика

Rationalisierung
Rationalizing
Rationalisation
Racionalización
Рационализация

Schall · Ultraschall
Sound · Ultrasonics
Son · Ultra-son
Sonido · Ultrasónico
Звук и ультразвук

Schiffahrt
Navigation
Navigation
Navegación
Судоходство

Textilforschung
Textile research
Textiles
Textil
Вопросы текстильной промышленности

Turbinen
Turbines
Turbines
Turbinas
Турбины

Verkehr
Traffic
Trafic
Tráfico
Транспорт

Wirtschaftswissenschaften
Political economy
Economie politique
Ciencias económicas
Экономические науки

Einzelverzeichnis der Sachgruppen bitte anfordern

Westdeutscher Verlag · Opladen
567 Opladen/Rhld., Ophovener Straße 1-3, Postfach 1620

MIX
Papier aus verantwortungsvollen Quellen
Paper from responsible sources
FSC® C105338

If you have any concerns about our products,
you can contact us on
ProductSafety@springernature.com

In case Publisher is established outside the EU,
the EU authorized representative is:
**Springer Nature Customer Service Center GmbH
Europaplatz 3, 69115 Heidelberg, Germany**

Printed by Libri Plureos GmbH
in Hamburg, Germany